全国高等院校产品设计专业规划教材

PRODUCT
DESIGN

张 欣 赵智峰 编著

产品设计
手绘表现技法

化学工业出版社
·北京·

内 容 简 介

本书共有五个章节。前三章作为基础部分，主要讲解了入门手绘表现的方式及原理，并进一步系统地阐述了多种手绘工具的使用技巧，帮助读者学会运用马克笔、彩铅、色粉笔、水粉等画法，为后面产品手绘表现技法的深入学习打下基础。第四章重点讲解了不同材料的手绘表现技法，让读者可以快速、准确地理解产品质感的表达手法。第五章从不同材质的手绘表现技法切入，结合对多幅优秀作品的要点分析，加强读者对手绘的理解和手绘工具的运用。

本书注重实用性，从最基础的透视、结构、构图原理，到最后的案例解析，在内容上循序渐进，涵盖了不同材质的手绘表现技法，可作为普通高等学校产品设计、工业设计等相关专业教学用书，也可供设计从业者学习参考。

图书在版编目（CIP）数据

产品设计手绘表现技法/张欣，赵智峰编著. —北京：化学工业出版社，2023.8（2025.5重印）
ISBN 978-7-122-43543-9

Ⅰ．①产… Ⅱ．①张… ②赵… Ⅲ．①产品设计－绘画技法 Ⅳ．①TB472

中国国家版本馆CIP数据核字（2023）第093958号

责任编辑：李彦玲　　　　　　　　　　　文字编辑：谢晓馨　陈小滔
责任校对：李露洁　　　　　　　　　　　装帧设计：梧桐影

出版发行：化学工业出版社（北京市东城区青年湖南街13号　邮政编码100011）
印　　装：天津市银博印刷集团有限公司
787mm×1092mm　1/16　印张7½　字数180千字　2025年5月北京第1版第2次印刷

购书咨询：010-64518888　　　　　　　　售后服务：010-64518899
网　　址：http://www.cip.com.cn
凡购买本书，如有缺损质量问题，本社销售中心负责调换。

定　　价：49.80元　　　　　　　　　　　　　　　　　　　版权所有　违者必究

前言

在国内，工业设计、产品设计方兴未艾。近年来，国家高度重视工业设计的发展，从"十一五"规划开始，"工业设计"已被四次写入国民经济和社会发展五年规划纲要中。而手绘表现技法的训练作为工业设计的第一步，是工业设计过程中不可或缺的一步，基本上是每个学习设计和从事设计行业的人员必备的基本素养。手绘作为设计人员在项目设计过程中情感和理性思维的综合表现，可以在短时间内将其创意表达出来，帮助他们更好地传达出设计理念。

手绘设计的学习可以说贯穿了每个设计人员的职业生涯，一位优秀的设计人员是可以很好地灵活运用各种不同的手绘表现技法的。但是在工业设计、产品设计专业的教学训练中，产品的手绘表现技法训练经常会成为学生的一个短板。因此，本教材从最基本的透视原理讲起，到结构规律、构图规律、线条训练、工具运用、质感表现，最后到优秀案例的要点分析，让工业设计、产品设计相关专业的学习者都能对产品手绘技法的表现过程有一个清晰的认知。理论与实践相结合的系统性讲解能帮助学习者更好地理解手绘表现技法，并融会贯通于自己的手绘训练中。除了高校工业设计、产品专业学生以外，本教材也可以帮助已从业的设计人员提高自己的手绘能力。

目前，市面上的很多教材基本上都是围绕传统的手绘表现技法展开讲解的，主要关注基础透视画法、上色技巧、不同类型产品的案例，在上色技巧部分缺乏对不同材料详细的技巧讲解，因此，本书对不同材料的表现技法的讲解将会填补市场需求空缺。同时，随着互联网时代的到来，设计的表达方式越来越丰富。本教材在讲解传统手绘表现技法的基础上，也对近年来兴起的数位板画法进行了讲解，力求多方面满足学习者和从业者的需求。

最后，在此感谢罗毅、刘畅、宋云鹏等研究生同学对本书内容的编辑校对，感谢江宸、李昕桐、欧阳嘉跃等同学提供的图片素材，感谢所有为此书的出版提供帮助的朋友们。我们希望本书能够帮助工业设计和产品设计相关专业的学生和设计师熟练运用手绘表现技法，在设计过程中自如地表达出自己的设计创意。

编者

2023年3月

目录

第一章 概述

2　第一节　从构思到设计：
　　设计程序中的不同表现方法
2　一、前期的草图阶段——
　　设计速写
3　二、中期的深化阶段——
　　设计效果图
4　三、后期的展示阶段——
　　设计三维模拟图
5　四、实物制作阶段
6　第二节　设计表达的透视原理
6　一、透视作图的基本理论
8　二、设计表达的透视规律
9　第三节　设计表达的结构规律
9　一、结构形态的分析
10　二、结构形态的绘制
14　第四节　设计表现图的构图规律
14　一、构图的重要性
15　二、设计表现图的元素构成
18　三、设计表现图的构图方法

第二章 设计表达的基础训练

23　第一节　基础线条训练
23　一、直线练习
25　二、曲线练习
26　三、圆的练习
28　第二节　基础形体训练
33　第三节　设计速写和三视图
33　一、设计速写
34　二、三视图的效果表现

第三章 产品手绘的工具运用

39　第一节　马克笔画法
39　案例一：马克笔实操1
41　案例二：马克笔实操2
45　第二节　彩色铅笔画法
45　案例三：彩色铅笔实操
50　第三节　色粉笔画法
50　案例四：色粉笔实操

55	第四节　水粉画法		95	第四节　塑料的质感表现
55	案例五：水粉实操		95	案例七：塑料质感表现实操1
			96	案例八：塑料质感表现实操2
60	第五节　色粉笔、马克笔综合画法		97	案例九：塑料质感表现实操3
60	案例六：色粉笔与马克笔的综合运用			
			101	第五节　陶瓷的质感表现
64	第六节　色粉笔、彩色铅笔、 　　　　马克笔综合画法		101	案例十：陶瓷质感表现实操
64	案例七：色粉笔、彩色铅笔与 　　　　马克笔的综合运用			

68　第七节　底色画法
68　案例八：底色实操

71　第八节　数位板画法
73　案例九：数位板实操1
74　案例十：数位板实操2
75　案例十一：数位板实操3

第五章
优秀作品要点分析

105　一、复杂形态表现技法
106　二、磨砂面金属表现技法
107　三、光面塑料表现技法
108　四、透明玻璃表现技法
109　五、帆布与皮质表现技法
110　六、硬塑与硅胶表现技法
111　七、软包与织物表现技法
112　八、汽车数位板表现技法

第四章
产品手绘的
质感表现

83　第一节　木材的质感表现
83　案例一：木材质感表现实操1
84　案例二：木材质感表现实操2

87　第二节　玻璃的质感表现
87　案例三：玻璃质感表现实操1
88　案例四：玻璃质感表现实操2

91　第三节　金属的质感表现
91　案例五：金属质感表现实操1
92　案例六：金属质感表现实操2

114　**参考文献**

第一章

概述

第一节　从构思到设计：设计程序中的不同表现方法

在电脑普及的年代，许多行业都发生了巨大的变化。电脑技术应用到设计领域，大大提高了工作效率，同时也改变了设计师的工作方式，电脑制作出的逼真的视觉效果也是手绘所不能相比的。那为什么我们还需要掌握产品手绘表达呢？因为在产品设计流程中，设计表达占据着很大的比重，是表现产品设计的核心所在。但是现在很多设计师都过分强调电脑的表现形式，逐渐忽略了传统的手绘表达技法。实际上，不同的表达方式会带来不同的表达效果，应用在不同的方面。电脑制图精确，但手绘制图能更直观、生动地展现产品设计的内涵。

产品设计表达主要是以产品设计效果图为主。站在产品设计师的角度，效果图是为了让客户能够理解设计师的思路和想法，记录设计师的思考过程，这对日后的深入设计更有帮助，也能够促进团队成员之间沟通与合作。它是传达思想的工具，是设计师与设计师之间、设计师与客户之间的有效媒介。

在进行产品创新和结构设想的过程中，设计师的脑海中会出现大量的灵感及图像，很多都是一闪而过的想法。为了从无到有地呈现灵感，为了以后的细致推敲，设计师需要及时记录。另外，在罗列方案的时候也会出现很多不同的想法，也需要快速的表达方式，这种快速表达的方式为以后留下了很大的思考空间，为进一步完善细节打下了基础。

产品设计的设计程序一般如下：前期阶段确立设计对象，并每时每刻把脑海中的想法快速画在纸上，经过一段时间的方案累积，根据调研和分析，从中选出最好的方案进行深化。设计师在不同阶段所采用的设计表达方式是不同的，前期主要注重人与人之间的交流，设计手绘表达就是帮助设计师阐述自己的想法，把概念和细节完整地表达出来，让人们理解，这成了设计表达的核心所在。进入深化阶段后，要确定最终产品的外形特征、结构、功能、尺寸和色彩。决定产品最终方案后，就进入了后期的展示建模阶段，这个阶段主要借助电脑技术，让设计出来的产品呈现出真实效果，从而为下一步的模型制作做好准备。

一、前期的草图阶段——设计速写

最初新创意、新设想的收集，只需用草图的形式快速记下自己的想法。草图只要描绘大概的轮廓即可，可以使用针管笔或者铅笔绘制，为以后留下想象空间，有助于创意和设计的交流（图1-1）。

草图的进一步深入就是设计速写了。设计速写主要用在产品设计前期的资料收集及方案构思阶段，可以说设计速写是设计师在前期灵感碰撞时最直观、最快捷的记录及表现方法。

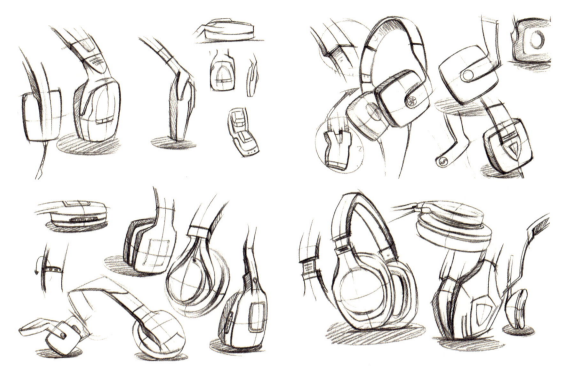

图1-1

二、中期的深化阶段——设计效果图

从前期的许多方案中挑选较好的方案继续深化和解决问题，对细微处进行研究。在这个阶段要通过比之前更加细致的效果图来完成设计，通过清晰整洁的画面与客户进行交流，便于表达自己的想法。

效果图主要用于设计方案的造型分析、功能分析、设计定位等深化阶段。一般到了这一阶段，产品方案都比较明确，并且其设计效果图会比较详细地表现产品形态、颜色、功能、特点、细节、尺寸（图1-2）。设计效果图包括马克笔画法、彩色铅笔画法、色粉笔画法、水粉画法、喷绘画法、底色画法、数位板画法等表现技法。不同的方法适合表现不同材质的材料，可根据自己的习惯选自己喜欢的技法。

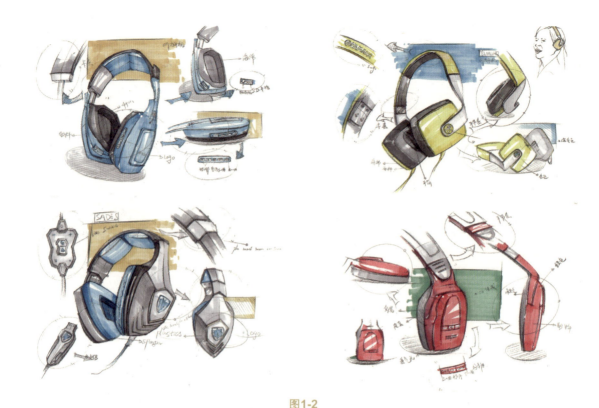

图1-2

三、后期的展示阶段——设计三维模拟图

在确定设计方向和方案之后,要用电脑建立产品的数字模型,以便更加直观地观察和调整,给客户更加真实的产品设计表现,再通过客户的建议和客户沟通,进行结构的调整(图1-3)。除此之外,三维模拟图还要用于产品完成阶段的宣传、展示和模型制作前的表现。此阶段的产品方案是基本确定的,效果也要求真实直观,所以设计三维模拟图主要通过计算机和应用软件来完成。现阶段常用的软件有CorelDRAW、Photoshop、3ds Max、犀牛、Pro-E等。

CorelDRAW、Photoshop是二维软件,适合表现版面设计效果,以及制作三视图、尺寸图;3ds Max和犀牛是三维软件,主要用于产品建模,再通过渲染得到真实的产品效果;Pro-E是三维的工程软件,建立在AutoCAD基础上,可以直接驱动激光快速成型机做出真实的产品样板模型。

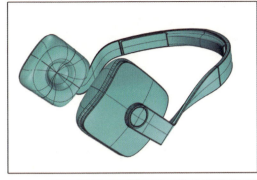 

 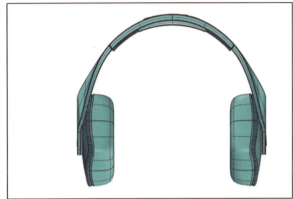

图1-3

四、实物制作阶段

确定最终要生产的模型，和工程师合作与交流，生产出实际产品（图1-4）。

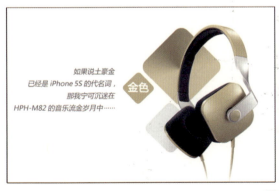 

图1-4

巩固练习

产品设计一般要经过哪几个过程？分别采用什么方式传达设计理念？

第二节 设计表达的透视原理

一、透视作图的基本理论

准确的设计表达需要设计师掌握设计表现图的透视规律,因此基本的透视作图练习必不可少。只有通过一定的联系,在观察或构思产品造型时,才能更快速、准确地把握住基本造型。

视点——观看者站立不动时眼睛所在的位置就是视点。

画面——观看者观察在平面上的物体,这时这个平面就是绘图纸面,我们通常叫作画面。

视平线——过纸面上的物体透视点的一条水平线就是视平线。

心点——人在观察物体时,视点和物体的连线穿过画面的垂直交点。心点也是平行透视的消失点。

视距——观看者与物体之间的距离。

视高——从地面上到视点的高度就是视高。

距点——心点到视点的距离在视平线心点两侧的反映。它也是物体与画面成45°角时的透视消失点。

具体如图1-5所示。

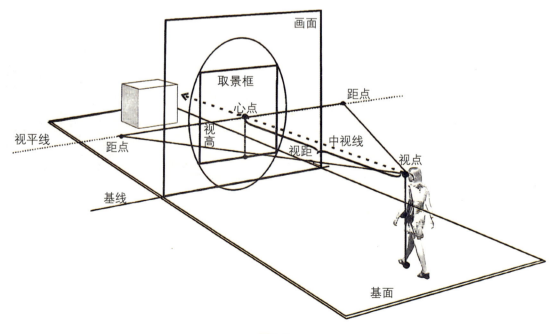

图1-5

1. 一点透视

（1）**定义**：一点透视又叫平行透视，指当物体的正立面和画面平行时的透视效果。一点透视最多只能看到产品的三个面，由于正立面为等比例绘制，没有透视变形，因此适合表现一些功能均设置在正立面的产品，比如交互页面、手机、手表、操作界面等。

（2）**规律**

① 一点透视图中，物体的正立面没有透视变化；

② 物体和画面垂直的线都消失于心点；

③ 物体离视平线越远，画面所看到的物体顶面或底面越大，反之越小，如图1-6所示。

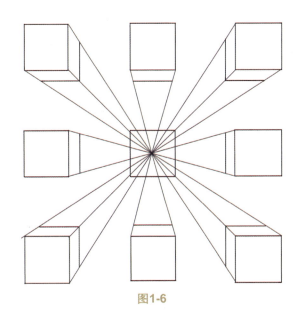

图1-6

2. 两点透视

（1）**定义**：两点透视又叫成角透视，指看到物体两个面以上，相应的面和视角成一定角度的透视效果。其透视线消失于视平线上心点两侧的距点（或余点）。两点透视是最符合正常视觉的透视，也是最具有立体感的。

（2）**规律**

① 平行于地面，且与画面成一定角度的两组对边向左右两个余点消失；

② 在两点透视中，立方体的两个竖直面垂直于地面的线要一直保持垂直；

③ 在两点透视中，立方体至少能见到两个面，一般能见到三个面，如图1-7所示。

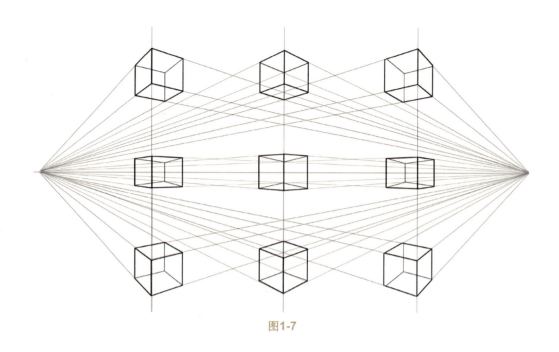

图1-7

二、设计表达的透视规律

由于产品设计的客观和主观要求,产品设计的过程是一个不断深化和完善的过程,因此,在产品设计表达时,没有必要以严格的透视原理来描绘设计方案草图。但是,设计师必须对透视原理有一定的了解和运用,要做到以下两个方面。一是在基本理论和基本方法的基础上,通过大量的透视作图练习,掌握透视变化规律。二是在画产品设计透视图时,要会选择所要表现的产品的透视角度、透视方向,从而在尽可能小的误差范围内快速描绘出产品设计透视图。因此,我们在画产品设计透视图时要谨记以下几条规律,能够帮助我们在作画时抓住最根本的透视问题。

近大远小:包括物体体积的大小、面积的大小、线的粗细、色彩的明度和纯度变化等。

近实远虚:包括线条的深浅、色彩的明暗关系、色彩的冷暖变化等。

近陡远缓:视点距物体的距离越远,透视图变化越平缓;物体的垂直线在透视图中永远是垂直线,只有长短的透视化。

三个观看面:产品透视图视平线高低根据产品主要形态特征和主操作面的位置来确定,以三个观看面为佳。

巩固练习

1. 一点透视、两点透视、三点透视的区别是什么?(可画图表现)
2. 在绘制透视图时,要着重把握什么法则?

第三节　设计表达的结构规律

现代产品的种类越来越多，特别是进入信息化时代后，象征高科技的产品外形更是千变万化，生态型、流线型等使我们对产品形态的总体特征、尺度、线型、线角的把握越来越难。因此，培养设计师的结构形态观念是非常重要的。

所谓结构形态，就是了解产品复杂形态中各部分组成结构的关系，并将它们归纳成最基本的几何形态和形态组合。分析并简化造型能够帮助设计师重新解构产品，将复杂的造型转化为更加容易理解的简单造型，从而提升画图效率。通过研究复杂造型的各个部分是由何种基本形态组成的，各部分之间是如何衔接的，其中又有哪些细节，从而梳理出最基本的组成结构，从而更清晰地把控复杂造型。

依照绘图过程把握产品结构形态，主要分为两步——分析与绘制。在分析过程中对产品造型进行简化，以最基本的几何形态组合来解构产品。在绘制过程中从最基本的形体入手来概括产品造型，不断地进行细节修饰，直至将产品的结构特征表达清楚。

一、结构形态的分析

分析结构形态是更清晰地把控造型的一个过程，目的是理解和剖析结构。通过立方体、圆柱体等简单几何形体来归纳物体的造型，省略掉一些细节处理和图案修饰等元素，还原出直观清晰的造型特征。

我们在分析结构形态这一过程中，需要对产品各部分的结构、比例、位置、透视甚至构图做出正确的判断。在纸面规划好各区域的内容，用简单的辅助线条勾勒出精准的几何组合，利用基本几何形体的加减归纳出产品的基本形体。

以照相机为例，其可以简化为圆柱体和立方体的组合。首先省略掉产品细节，绘制出圆柱体与立方体的组合，勾勒出大致形体，再进行细化以绘制出其他突起部分的结构，最后增加剖面线以增强立体感（图1-8、图1-9）。整个过程是进行基本几何形体的加减法的过程，也是形体不断细化、不断精确的过程。

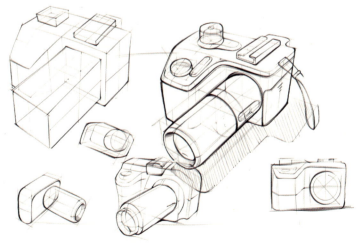

图1-8

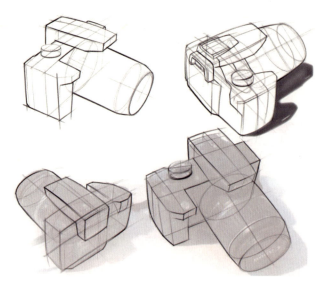

图1-9

大部分产品都是几何形体或由几何形体组合而成的。在分析过程中,切勿受到产品细节的干扰,而是画出基本的形体后再进行深入绘制(图1-10)。

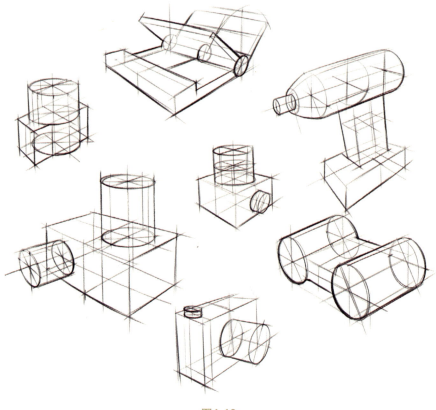

图1-10

二、结构形态的绘制

在绘制过程中,我们需要在基本形体组合的基础上,根据设计的需要不断地进行增删和细节的修饰,直至将产品的结构特征表达清楚。要勾勒出产品的轮廓线、分型线、结构线和剖面线。

绘制过程如同结构素描,以线条为主,需要我们用准确、有力、优美的线条去表现形体的关键特征。在绘制这样的线条时,要注意把控整体感觉,外轮廓线多以流畅的长线条为主。形体转折处或分型处需要着重考虑,此处的线条绘制难度较高,必须符合结构的规律和透视关系,否则就会导致形体跑偏。

图1-11鼠标形体的绘制中,优先勾勒出鼠标的轮廓线和分型线,再进行细节的刻画,最后添加阴影与色彩。需要注意的是,该鼠标的轮廓线和分型线构成了形体的关键特征,是构成整体视觉感受最重要的线条。此处线条的绘制需要做到透视准确、流畅优美、饱满有力度。

细节部分的线条处于次要的位置,如鼠标上的滚轮与凹槽,绘制过程也要符合透视关系和产品结构规律。

如图1-12的产品绘制表达中,优先绘制出基本形态,后对分型线进行加深处理,又增加了细节与剖面线。不仅表现出了产

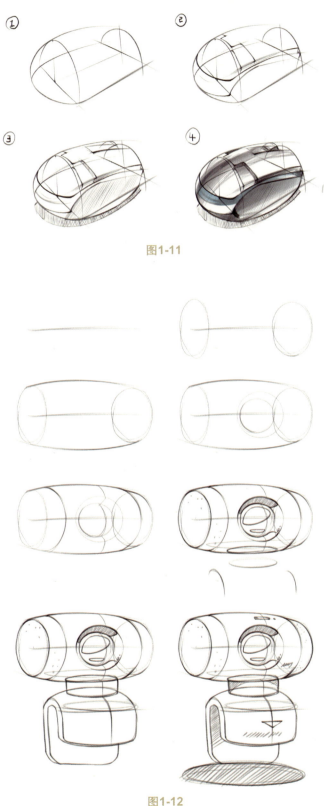

图1-11

图1-12

品的基本形态和产品各部分之间的结构关系，曲面的走向也更清晰地表现了出来。最后添加细节与阴影，强化立体感和真实感。

正确地分析和绘制产品结构形态，不仅仅是一个简化造型的过程，更是一种提高表现效率的手段。当一个复杂造型被概括为一个精简的效果图时，设计师可以更立体地把控产品造型，观者也可以在更短的时间内抓住产品的关键结构特征。

巩固练习

请分析下列产品的结构形态，并尝试进行绘制。

（1）

（2）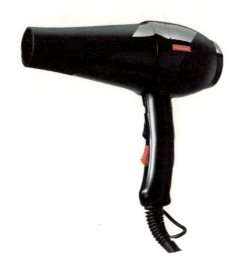

第四节　设计表现图的构图规律

一、构图的重要性

当造型能力已经有一定基础时，接下来的学习要点就是构图。通俗来讲，构图就是指众多物体在一个画面中要如何摆放，才能使视觉感受更加和谐。若想设计出好的产品表现图，除了要表达好产品的主要要素，还要有好的构图，才能让你的设计更容易被别人理解和更吸引眼球。如注重画面的形式美感处理，以及画面的用色、布局、整体氛围；注重产品的形式美感，线条的曲直，线与线、面与面的交接和转折关系，产品整体氛围的营造，等等。

首先要明确的是，所有在设计表现图中出现的图或文字，它们的唯一目的是表达清楚设计者的产品概念——形态、颜色、材质、功能和结构等。所以，没必要的图或文字一般不要出现在画面上，不然会造成画面的累赘感。设计表现图的要素包括以下几点。

作品名称：能突出产品特点的作品名称。

设计说明：一段清楚描述产品造型特点及其功能的文字。

产品整体表现：通过一个主要角度，尽可能表达清楚产品形态及功能的效果图。

产品局部表现：表达产品局部细节，以及功能解说。

爆炸图：某些结构复杂的产品，需要对其结构进行分解说明。

故事描述（storytelling）：以趣味生动的方式，表达产品的使用方式或产品的必需性。具体如图1-13所示。

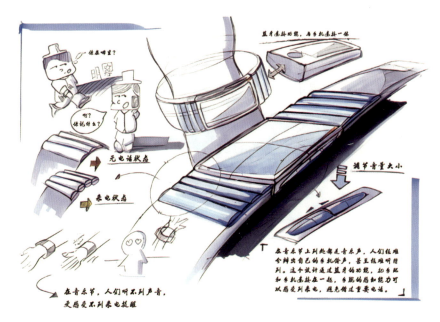

图1-13

二、设计表现图的元素构成

在产品设计表现图的构图中,当已经完成主体对象时,可以用附加对象的方式来进一步强化主体图像。除了主体图像之外,还包括主题,以及用来衬托主体的背景、阴影、文字和引线等内容。

1. 主题

在设计版面中加注主题的名称,目的是让人们对这个设计的主要构想一目了然。主题名称有时也能表达出该产品的使用功能。有趣的命名可以增加创意的价值,促使创新领域的扩张。我们可以采用立体化的文字,让主题名称具有立体感(图1-14)。具有立体感的文字能让人产生活泼和动感的感觉。也可以给文字加上阴影,凸显立体形状及强光投影的文字效果。另外,在主题文字中配合视觉动线,能吸引人的注意力,辅助想象图像的透视效果。

图1-14

2. 背景

以背景来衬托主体图像,这是用附加对象来强化主体图像的优先选择。因为主体图像的造型形式多变,所以我们所采取的背景衬托方式也要灵活变化。例如,主体图像本身复杂,应该选择较为单纯的背景来衬托主体图像,反之亦然。

(1)**文字背景**:一般是利用特定的文字附于图像的侧边,使其形成"类图像"的排列,衬托出主体图像的轮廓。文字若要变成背景的一部分,必须要有一些宽度,不能太细,字形也应该与产品形态相互搭配,才能使画面协调一致(图1-15)。

（2）**线条背景**：以单纯的线条作为背景也是十分简单的做法。线条的走向要将整张画面的"趋势"表达出来，不应该逆向绘制线条，造成对画面的冲击。另外，线条的品质也是考虑的重点，单纯画出一条线在产品后面不能让人感觉出趋势，它必须要经过适当的形态及方向塑造，才能发挥出整体的作用（图1-16）。

（3）**图像背景**：图像背景的应用可以帮助设计师体现设计图的使用方式及其与人体的比例关系，以及评估设计图与最初设计构想的差距。较常见的做法是绘制人物图像或人体操作部位（如手掌、手指、头部、躯干）作为背景。当我们绘制这些图像时，要做到比例准确、形象生动，不然反而会成为画面的最大败笔（图1-17）。

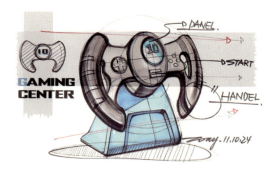

图1-15

图1-16

图1-17

3. 阴影

在真实世界里的所有对象，都会因为光线的投射而产生阴影。阴影绘制常见的问题是阴影方向不一致。在同一画面之中，虽然有不同的透视图像存在，也可能分别使用了不同的透视角度。但是，为了掌握画面的整体感觉，应该让光线投射的角度一致，这样才能让看图者感觉所有对象是处于同一个时空当中的。当画面上所有对象的阴影都一致时，阴影的角度也

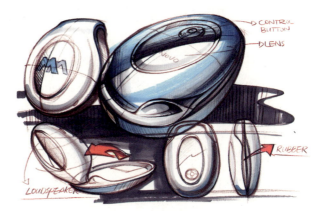

图1-18

是我们要重点关注的部分。阴影是光线被物体阻挡后的结果，它在画面上是一个有分量的特殊色块。若是光线太低，产生较长的光影，阴影色块占用的面积就大，从而压缩产品图像的表现空间，整体的效果就会发生很大的变化。我们用线条的疏密来表示颜色深浅的差异，所以投射角度的选择很重要。在确定对象的绘图角度时，要认真考虑整个阴影的走向以及与主体图像的相互关系（图1-18）。

4. 文字

文字虽然在速写图中居于辅助的地位，但是在大部分速写图中却必须有它的存在。因为文字是重要的信息说明内容，例如作品名称、设计说明等都需要用文字来体现。但是文字若是太多，会成为画面的累赘，让人觉得是设计上的败笔，感觉看图不顺畅，或者感觉文字多余，所以文字运用上要以不多余为第一原则。文字的搭配主要用于点缀空间区域、调整画

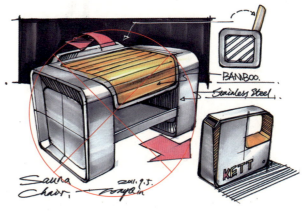

图1-19

面比重和塑造方向趋势三方面。文字可以改善设计图空洞、单调的状况。图像之间的空隙并不全都是空洞区域，若是空隙相对于周遭的图像小而不完整，则不能加入文字，否则会显得拥挤不堪。在有强烈的表现需求时，可以将文字加粗、加黑。但是过度强化文字会导致喧宾夺主的问题产生，抢了主体图像的表现位置，所以也要注意画面重心的平衡（图1-19）。

5. 引线

产品设计表现图中引导视线的元素除了图像之外，箭头也是很好的元素。它引导人们对应整体与局部的图形关系，以及图形与文字的关系，所以画出有动感的、表达准确的箭头也非常重要。另外，视野线的运用关系到整个设计图的边界，人们能通过少数的线条判断出地面边界和环境边界。这些线条在画面上看似简单，但它们带给我们的视觉感受却非常重要（图1-20）。画面如果没有这些线条的配合，将会使图像悬在半空中，产生不真实的感觉。而这些感觉可以依靠视野线的协助来修正。在设计版面的过程中，光线的表示也相对比较必要。随意画两条线来表示光线来源，同时周遭的图像要避免和线相互冲突，让人感觉到似乎有光线从某个方向射出。在画设计图时还可以用静态线条来表现动态事物，例如表现某些部位的使用需要开合、屏幕旋转180°、手机开盖方式等，这些都可以用辅助线条来表现（图1-21）。

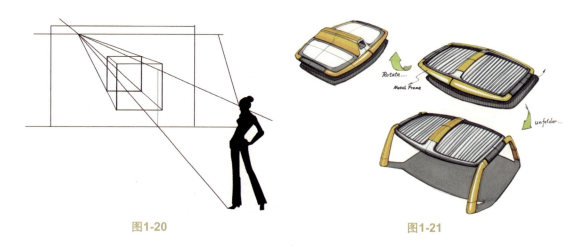

图1-20　　　　　　　　　　　　　　　图1-21

三、设计表现图的构图方法

1. 和谐

从狭义上理解，和谐的平面设计是统一与对比，两者之间不是乏味单调或杂乱无章的。从广义上理解，和谐的平面设计是在判断两种以上的要素，或部分与部分的相互关系时，各部分使我们感觉到一种整体协调的关系（图1-22）。

2. 对比

又称对照，把质或量反差很大的两个要素成功地配列在一起，使人感觉鲜明强烈而又具有统一感，使主体更加鲜明、作品更加活跃（图1-23）。

图1-22

图1-23

3. 对称

假定在一个图形的中央设定一条垂直线，将图形分为左右相等的两个部分。其左右两个部分的图形完全相等，这就是对称图（图1-24）。

4. 平衡

从物理上理解指的是重量关系，在平面设计中指的是根据图像的形态、体量、质量分布、色彩和材质的分布这几点来达到视觉判断上的平衡（图1-25）。

图1-24

图1-25

5. 比例

是指部分与部分或部分与全体之间的数量关系。比例是构成设计中一切单位大小，以及各单位间编排组合的重要因素（图1-26）。

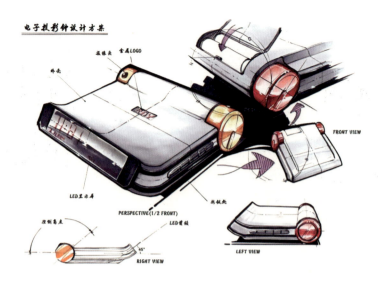

图1-26

6. 重心

　　画面的中心点，就是视觉的重心点。画面图像的轮廓的变化、图形的聚散、色彩或明暗的分布都可对视觉重心产生影响。画面中心点处画产品主要效果图（角度看产品形态而定，多为45°侧），外围跟随着一些大小不一的元素的细节剖析解说等图（图1-27）。

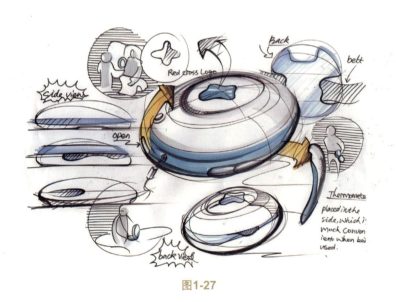

图1-27

7. 节奏

　　节奏这个具有时间感的用语，在构成设计上指以同一要素连续重复时所产生的运动感（图1-28）。

图1-28

8. 韵律

平面构成中单纯的单元组合重复容易单调，由有规则变化的形象或色群间以数比、等比处理排列，使之产生音乐的旋律感，称为韵律（图1-29）。

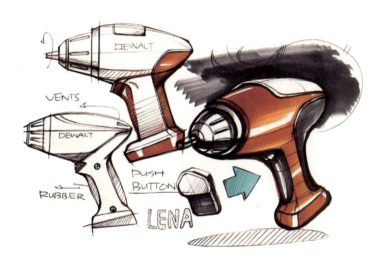

图1-29

巩固练习

1. 设计表现图的作用是什么？
2. 设计表现图的构成要素有哪些？这些要素在设计时需要注意什么？
3. 设计构图的方法有哪些？

第二章

设计表达的基础训练

第一节　基础线条训练

毋庸置疑，对于手绘来说，"多练"就是硬道理，但多练也需要正确高效的方法，这样才能提高得更快。针对这个问题，本章主要介绍手绘中最基础的线条和形体的练习方法，希望大家通过本章的学习，以及平时的练习，画出一手漂亮的线条！

线条主要包括：平行线、垂直线、倾斜线、曲线（弧线、椭圆、圆）。除了了解线条的分类之外，练习前我们还必须清楚地了解以下几个问题。

① 为什么要练线条？

可以说，线条是最直观、基础、简洁地传达出形态感觉的元素。线条是形体设计的入门利器，无论我们是绘制草图、效果图，还是设计、制作模型和产品实体，都由线条入手。线条是手绘的骨骼，打好线条基础才能如鱼得水。

② 怎样的线条才是好线条？

线条是手绘表现的生命。优秀的手绘作品的线条充满了生命力，每一笔都表现得恰到好处，线条简洁、流畅、一气呵成，将想法呈现得淋漓尽致。手绘线条的指导思想是允许适当的错误，但是绝不允许丑陋。手绘线条的要求是下笔果断、快速，有力量感、钢筋感、徒手设计感。

③ 怎样练好线条？

好的方法事半功倍。所以，不管是练习直线还是曲线，对于手绘而言最好的方法就是勇于尝试，首先练习的是胆量。一般初学者都会因为害怕出错，线条总是画得很犹豫，没能放开胆量来画。不如在画之前这样想：它只是一张纸，画得不好还可以再画，没必要担心画错。抱着这样的心态，刚开始时可能会画歪，画多了就得心应手了。

一、直线练习

（1）**铺线练习**：初学者无论是为了训练胆量还是为了训练手绘的稳定性，都会从铺线练习开始，主要练习横线和竖线。

拿出A4纸，横放在桌面上，用笔从纸的最左边起笔不间断地画到最右边，线条要直，与纸的边缘保持平行状态，速度逐渐加快。竖线练习则是把纸竖放，由上至下绘制，要求与横线练习相同。每种线至少画20张这样的练习才能看到效果，多练就是硬道理（图2-1）。

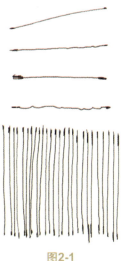

图2-1

（2）定边练习：主要练习手的控制力，练习怎样控制好自己的手。线的开始和结束尽量不要超出锁定的边界，多以短线的形式练习。定出两条边线，然后在两条边线中进行直线练习。注意尽量做到线条不超出边线，落笔要干净利落，停顿不要犹豫（图2-2）。

图2-2

（3）定点练习：可以先从短线开始练起，逐渐加长线条。先定好两点，再把两点准确相连（图2-3）。

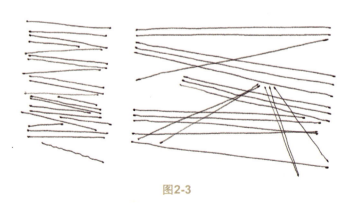

图2-3

（4）综合练习：在前面训练的基础上，更灵活地用直线组成不同形态来练习，包括十字格、米字格、单线体块、多线体块进行线条训练（图2-4）。

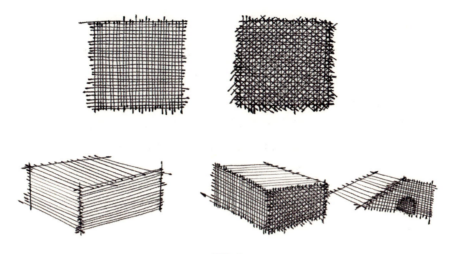

图2-4

二、曲线练习

（1）弧度铺线练习：包括同弧度铺线练习、不同方向的短弧线练习和不同弧度的弧线练习三种形式。

（2）自由曲线练习：当固定弧线练习到一定程度后，可以尝试自由曲线练习，要求线条流畅顺滑。

（3）产品动态线练习：线条练习完了，可尝试画简单产品。首先从动态线、轮廓线开始，要求透视准确、线条流畅。

（4）产品简单线稿曲线练习：用简单线条概括产品，可以提高对产品草图的透视把握及对产品形态的概括能力。以上练习如图2-5所示。

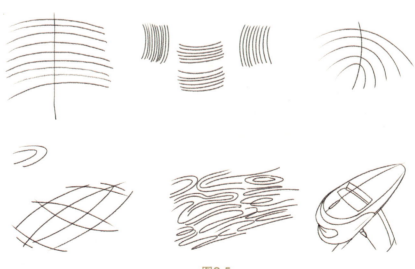

图2-5

三、圆的练习

（1）圆的练习：初学者要经过长期的练习和体会，才能随手画出一个漂亮的圆。在纸上按顺序画完一个圆再画下一个，画到有手感为止。看到自己画出一个较好的圆，就要回想一下画圆的感觉，并尝试记住这种感觉，吸取经验，多练多体会。

（2）透视圆的练习：透视圆即椭圆，椭圆在手绘中也是很常用的。不同角度的圆和椭圆有很多，要画好一个透视正确的圆或椭圆更是需要加倍地练习。

（3）同心透视圆的练习：现实中很多产品都是同心透视，所以同心透视也要多加练习。可以从不同角度、不同大小的圆来练习，还可以画一些按钮、镜头之类的椭圆小部件进行练习。以上练习如图2-6所示。

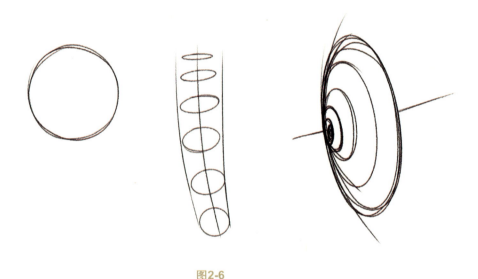

图2-6

巩固练习

请在下方进行基础线条的训练。

（1）直线练习：平行线、垂直线、倾斜线

（2）曲线练习

（3）圆的练习

第二节 基础形体训练

1. 为什么要练基本形体

线条练好后,可以尝试画一些简单的形体。任何复杂的产品都是通过基本形体变形得来的,一幅优秀的手绘作品必须要有正确的透视,而形体练习是训练透视最直接的方法。一般而言,先从简单的几何形体画起,这样从易到难、由浅入深地理解透视与形体的关系是最好的(图2-7)。

2. 怎样练习好形体:正确的透视+流畅的线条

涉及形体就必须考虑透视。透视一般分为一点透视、两点透视和三点透视,其中两点透视在产品效果图中是最常用的。两点透视又叫成角透视,即人的视线与所观察的画面成一定角度,形成倾斜的画面效果,并根据视距使画面产生进深立体效果的透视作图方法。也就是说在两点透视中,除了垂线,其余的都是斜线,并且分别交汇在视平线上的两个消失点,所以称之为两点透视(图2-8)。

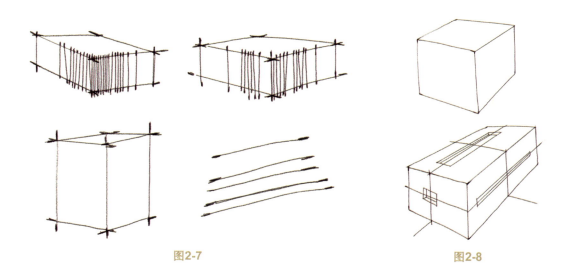

图2-7　　　　　　　　图2-8

对线条的把控体现了设计师的手绘基本功以及对整个设计稿的把控力(图2-9)。平时我们在练习的时候,线条一定要干净利落,一笔到底,完整流畅。在画一根线条的时候不要想太多,一气呵成,这对形体的表现至关重要。流畅的线条是优秀的手绘图的基础,所以线条的练习十分有必要,是不可懈怠的。

第二章 设计表达的基础训练

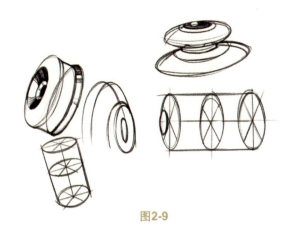

图2-9

巩固练习

请根据石膏体照片在下方进行基础形体训练（注意石膏体的透视关系）。

（1）

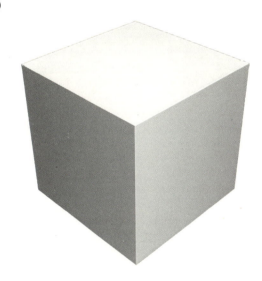

（2）

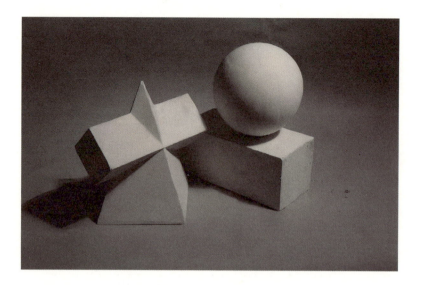

（3）

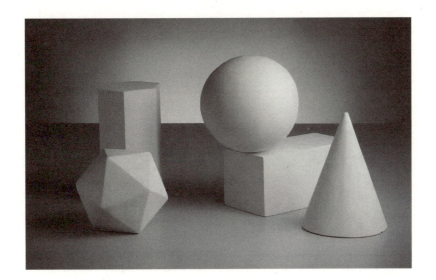

（4）

第三节 设计速写和三视图

一、设计速写

简单的设计速写是最直接有效的设计沟通语言,同时,它也是记录灵感的最佳工具。有时候灵感是瞬间在脑海里出现的,这时就需要你有熟练的设计速写能力,能够在最快的时间里把灵感表达出来。如果你有灵感时却还在一笔一画地描绘,你会发现灵感正在你慢慢的手绘过程中一点点地消失!这时需要的就是设计速写快速且完整的特质。

简单的设计速写讲究的就是多练,下笔时不要担心画错,而是要讲究线条和感觉的流畅,最好能达到什么类型的工具都能信手拈来,铅笔、水性笔、圆珠笔、马克笔等都能运用自如。量变引起质变,如果你一天能练习30张,一个月下来,你会有非常显著的进步!在练习的时候还要注意,虽然设计速写和绘画速写同样要求具有准确的造型和美感,但也是有区别的,设计速写是为产品服务,一定要抓住产品的特征。

完整意义上的设计速写是运用于产品资料收集、产品概念设计和构思阶段的主要表现手法,包括**单线条速写**(图2-10、图2-11)、**单线简洁明暗速写**(图2-12)、**单线色彩速写**(图2-13、图2-14)三种形式。其表现内容包括产品的外形特征、产品的结构分析、产品的功能说明、产品的尺寸、产品的色彩倾向等。

设计速写要注意的主要问题包括:形态的结构、准确的透视感觉、线条的处理、单色处理和彩色处理。

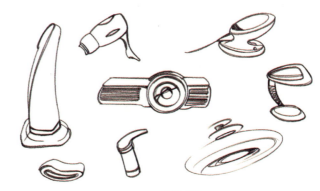

图2-10

图2-11　　　　　　　　　　图2-12

图2-13

图2-14

二、三视图的效果表现

三视图是观测者从正面、上面、侧面三个不同角度，观察同一个空间几何体而画出的平面图，分为主视图、俯视图、左视图三个基本视图。画三视图时要注意"**主俯长对正、主左高平齐、俯左宽相等**"，即主视图和俯视图的长要相等、主视图和左视图的高要相等、左视图和俯视图的宽要相等。

三视图优点： 在设计一个全新产品的时候，设计师必须要描绘出该产品的各个视图和零件部分，所以三视图绘画法就是为了表现出设计图的各个视图，这样更有利于全视角地观察产品视图。

三视图缺点： 只能从单个视图来表现产品，不能立体地体现产品的细节，需要观看者具有一定的立体想象能力。

下面以一个案例来讲解三视图的绘制步骤。

1. 起稿

可以先用2B铅笔把三个视图的造型画出来，再选用针管笔起稿，这样有利于初学者的能力把握。画三视图时要注意各个视图的对齐角度。在曲面上的线条与平面上会有细微的变化，凹凸的变化需要符合视觉的规律。小的按键、开孔以及其他结构也要特别注意透视关系（图2-15）。

2. 上色

根据前面设定的光的照射方向，按由浅到深的顺序进行上色，先画黄色固有色区域的亮部，即用浅黄色上色，再画黑色固有色区域的亮部，即用浅灰色上色。每个固有色区域都是从亮部也就是浅色开始，逐步向灰部和暗部进行过渡（图2-16）。

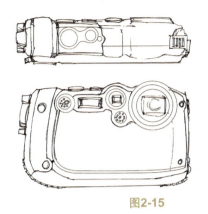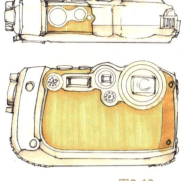

图2-15   图2-16

3. 加深色彩

继续加深色彩，使不同的固有颜色在对比之下更明显，注意笔触要顺着结构去画，这样能比较清晰地体现出体积感（图2-17）。

4. 表现材料材质

观察产品各个部分，不同的质感有不同的表现，比如金属质感的明暗对比相较于塑料质感的明暗对比会更加明显。这一步要最终确定好整个画面的明暗关系和色彩关系（图2-18）。

图2-17

5. 刻画

在明暗关系和彩色关系确定的基础上，进行画面细节部分的刻画，把画面的文字、图案、开孔等先用彩色铅笔画出来，再用涂改液或者高光笔表现出各种质感。同时也要把不同部分的质感进一步强调出来，比如高光、反光和环境色的影响等（图2-19）。

图2-18   图2-19

巩固练习

请根据下列照片画出产品三视图,并尝试给画稿上色,表现产品效果。

(1)

第二章 设计表达的基础训练

（2）

第三章

产品手绘的
工具运用

第一节 马克笔画法

马克笔实际上是一种透明水彩，具有淡雅、明快的特征，适合表现一些质感较强的材料，如塑料、金属和瓷器等，是使用最多的表现工具之一。

优点：马克笔的一大优势就是方便、快捷，工具也不像水彩和水粉那么复杂，有纸和笔就足够了。它的表现效果快速鲜明，使用方便，可与其他多种工具结合作画。马克笔的笔触感很强，可以画出几种不同宽度的马克笔笔触，在刻画画面的时候偶尔可以交叉使用，避免画面的笔触千篇一律，使画面看起来更灵活、自然一些。还可以在第一遍颜色干透后，再进行第二遍上色。必须准确、快速地进行，才能避免色彩渗出而形成混浊之状，否则就没有了马克笔透明和干净的特点。

缺点：马克笔不具有较强的覆盖性，淡色无法覆盖深色，不适宜反复多画。所以在给效果图上色的过程中，应该先上浅色，再覆盖较深的颜色。并且要注意色彩之间的相互和谐，忌用过于鲜亮的颜色，应以中性色调为宜。与此同时，这个缺点也成了它的优点。出于对色彩运用的考量，产品配色也会更加和谐、舒适、自然。另外，马克笔的色彩不容易修改，如果画错了就不能修改了，所以要求落笔干净、肯定、利落，要求作画者对工具熟练掌握，多加练习。

案例一： 马克笔实操1

（1）**起稿**：先用2B或HB铅笔大致描绘产品的轮廓，再用钢笔进行描绘，或者直接用钢笔进行描绘。这一阶段只需纯粹地强调物体的结构造型与透视关系。描绘时注意用笔的轻重，在产品结构转折的地方要压重，这样画面才会显得更有体积感和空间感（图3-1）。

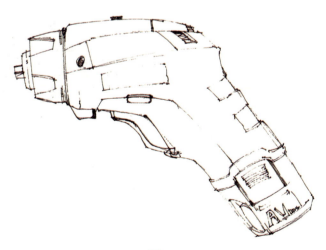

图3-1

（2）明暗关系：从浅到深逐步上色，手绘笔触要按产品的结构来走，黑色部位用浅灰色铺满，其他地方也选择同类色的浅色铺满。这样可以让暗部和亮部之间先有个灰部作为过渡，明暗对比不会太强烈，有利于下一步作画（图3-2）。

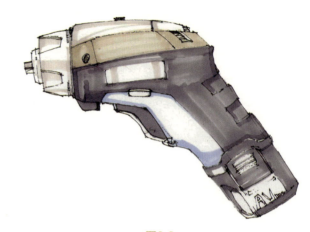

图3-2

（3）色彩关系：这一步要注意颜色的对比关系、冷暖关系、互补关系。把握整体调性的表现，明确亮调、灰调和暗调的布置，暗部和亮部之间要有明显的对比来表现产品的体积感（图3-3）。

图3-3

（4）强调固有色：用重色马克笔进一步强调物体的明暗交界线和固有色，有利于增强产品的体积感。为了表现出产品的质感，这时要注意笔触方向和产品受光面的刻画。在表现产品受光面时，可以在统一的固有色基础上，用白色铅笔提高高光分布的亮部区域（图3-4）。

图3-4

（5）细节表现：刻画LOGO、按钮等细节表现，主要表达出此部分的质感和局部的光影关系。另外，在点高光时要注意光源线的方向，只能在亮部的地方点高光，同时要避免在画面中出现过多的白点，点多了会显得画面光线很乱（图3-5）。

图3-5

案例二： 马克笔实操2

（1）起稿：可以先用2B或HB的铅笔来大致描绘产品的轮廓，再用钢笔进行描绘，或者直接用钢笔进行描绘。该产品是正面角度，所以上下、左右轮廓线都是平行透视（图3-6）。

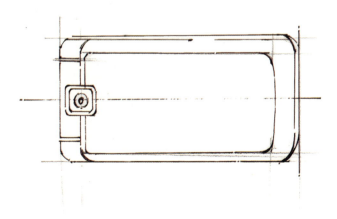

图3-6

（2）确定暗部关系：先从手机盖的拉丝表面开始处理。利用马克笔的特性，先在该区域均匀地涂一层，在马克笔水没干之前用黑色彩铅画上线状的笔触。马克笔水干后，会很巧妙地和黑色彩铅融合在一起。接着对手机金属包边的暗面稍作处理（图3-7）。

图3-7

（3）结合光影，表现质感：对后盖部分进行深入刻画，加重色彩，使黑色彩铅线条模糊化。强调金属包边的固有色并初步刻画各部位细节（图3-8）。

图3-8

（4）细节刻画与整体调整：增强产品的体积感，可用比固有色重的马克笔进一步强调产品的暗部。关键的一点是着重表现出产品的拉丝质感，这时要注意笔触和产品的受光面（图3-9）。

图3-9

巩固练习

请根据下列照片,尝试运用马克笔画法进行产品手绘。

(1)

（2）

第二节 彩色铅笔画法

　　彩色铅笔分为两种，一种是水溶性，另一种是非水溶性（油性）。水溶性的铅芯接近粉笔，色彩鲜艳，易上色，透明度较低。由于可以溶于水，所以可以蘸水后上色，使色层更厚；另外一种方法是上色后用毛笔或刷子蘸水涂抹，可以达到水彩的效果，但是不建议初学者使用。

　　非水溶性就是油性，铅芯质接近蜡笔，滑腻。由于多为国产，所以一般颜色会比较淡，价格便宜，是产品手绘入门的最佳选择。其透明度高，在对一些特殊色彩的处理上也有不俗的表现，易于叠色，适合初学者练习叠色技巧。另外，橡皮比较好修改彩铅的痕迹。至于哪种彩铅更好，因人而异。建议是一套水溶性48色加一套油性12色，以水溶性彩铅为主，一般的习作就基本够用了。

　　优点：使用方便、简单，易于掌握，适用范围广，效果好，是目前较为流行的快速技法工具之一。彩色铅笔画法比较容易把握，易于修改，和素描传统画法类似。它可以结合水来进行作画，易于表现出质感，能达到水彩逼真的效果，非常适合表现玻璃和陶瓷等光滑材质。彩铅的笔头可以削尖，易于表现比较细腻的渐变效果和细节的刻画。细微的渐变刻画能更好地表达产品表面的光滑度，细节的刻画可以表现一些产品的质感，如木纹、按钮和细缝等。另外，由于其易用性和工具轻便性，是出外写生的好帮手。

　　缺点：颜色相较于水粉来说具有一定的局限性，不可自主调色。笔触尖细，大面积铺色会很费时间，并难以控制大面积颜色的均匀，对绘画技能要求略高。

案例三：彩色铅笔实操

　　（1）起稿：选择与物体固有色相同的彩色铅笔起稿，这一阶段只需纯粹地强调结构形体与透视关系（图3-10）。

图3-10

（2）**明暗关系**：从浅到深逐步上色，先把暗部和亮部明显地区分开来，注意要有统一的色调，产品主体颜色最好是一个色系的不同色号的颜色，这样有利于画面协调（图3-11）。

图3-11

（3）**强调固有色**：选择不同颜色的彩色铅笔来描绘不同的固有色，从明暗交界线的地方慢慢地过渡到亮部。注意一定要保留亮部的高光，高光的范围可以适当留大点，有利于后面的刻画（图3-12）。

图3-12

（4）整体调整：用重色彩色铅笔进一步强调产品的造型轮廓和投影，加强明暗交界线，有利于增强产品的体积感。为了把产品的质感表现出来，调整过程中要时刻注意虚实变化（图3-13）。

图3-13

（5）细节表现：刻画文字、轮子等细节，主要表现出此部分的质感和光影关系。点高光时要注意光源方向，适当取舍高光点（图3-14）。

图3-14

巩固练习

请根据下列照片，尝试运用彩铅画法进行产品手绘。

（1）

（2）

第三节　色粉笔画法

比较著名的色粉作品莫过于日本的工业设计大师清水吉治的作品，其细腻的渐变过渡效果，使色粉笔近年来成为深受设计师喜爱的工具。色粉笔简便、快速，特别适合表现强高光和反光的材质，如玻璃、高光漆、不锈钢等，同时也是处理曲面和渐变效果的能手。

优点：色粉笔颜料是干且不透明的，较浅的颜色可以直接覆盖在较深的颜色上。在深色上着浅色可产生一种直观的色彩对比效果，甚至纸张本身的颜色也可以同画面上的色彩融为一体。由于色粉笔画出的线条是干性的，这种线条能适应各种质地的纸张。像其他素描工具一样，它也要依据纸张的质地来进行绘制。一张有纹理的纸允许色粉笔覆盖其纹理凸处，而纸孔只能用更多的色粉笔条，或通过擦笔，或用手揉擦色粉来填满。纸张的纹理决定绘画的纹理。除了在白纸上画，也可以在色纸上画，因为色粉笔的特点之一就是具有亮色调覆盖暗色背景的能力。

同时，相较于其他类型的画笔，色粉笔的密度更大，色彩饱和度更高，非常适合在产品大面积铺色的时候使用。通过改变用笔的力度可以调整色彩的明度和纯度变化，让铺出来的颜色渐变和明暗变化过渡得更加自然柔和。因此，色粉笔在表现玻璃质感、陶瓷质感、金属质感等产品的画面质感上，会比较容易表现，效果也会更好。

缺点：不易上色，一般对于纸质的选择会更加挑剔。在纸上做表面处理时，表现色彩的饱和度不够，所以一般与马克笔、水彩、彩色铅笔等结合起来使用，效果更佳。使用色粉笔画法需要的时间较长，反复画或画面把握不好会容易脏，绘画时需要选用的工具和过程也会比较麻烦。如果需要快速设计的话，建议不要使用色粉笔画法。另外，色粉笔易掉粉，固定色粉必须用特制的油性定画液，也可用透明玻璃（纸）来保护画面。

案例四：　色粉笔实操

（1）起稿：选用和该产品固有色一样的彩色铅笔起稿，起稿的线条要前实后虚，透视要前大后小。尽量在起稿时多去画该产品的结构线，这样有利于更深入地设计该产品（图3-15）。

图3-15

（2）明暗关系：为了不弄脏背景，从产品的边缘先用纸挡住背景，按照从浅色到深色的顺序进行上色，按照明暗关系画完红色部分再画黑色部分。注意上色的范围，不要弄脏其他区域，避免后面深入刻画时难以修改。上色时要把握好亮部和暗部的关系，高光的区域要留白，有利于后面的细节刻画（图3-16）。

图3-16

（3）整理画面：用橡皮擦整理好边缘线，把每个部分的造型、色彩、明暗关系都给表现出来。同时，在这个绘画过程中要特别注意该产品的造型和透视关系，这时要从整体去观察画面，观察画面有没有整体的体积感和透视关系（图3-17）。

图3-17

（4）细节刻画：在造型和透视关系的基础上进行刻画，强调边缘线的虚实关系和明暗交界线的轻重关系，把画面更多的细节画上去，再把各个部件的质感表现出来，比如金属的质感、反光、环境色的变换（图3-18）。

图3-18

（5）最后调整：在刻画的基础上用白色的彩色铅笔把画面的亮部给提亮，用重颜色的彩色铅笔（深红色、黑色）把暗部压重，同时描绘出来画面当中的图标、文字和反光，这样会显得画面更精彩（图3-19）。

图3-19

巩固练习

请根据下列照片，尝试运用色粉笔画法进行产品手绘。

（1）

(2)

第四节 水粉画法

水粉画法表现力强，色彩饱和度较高且不透明，并具有较强的覆盖性，因此水粉通常会被用作产品的固有色。水粉画法是一种历史比较悠久的画法，它主要表现一种比较特殊的最终效果图，比如特别适合色彩艳丽的产品和调制出比较特殊的颜色（就是马克笔等其他工具没有的色彩），也更能表现绘画者的艺术个性，有点类似于底色画法。

优点：水粉的覆盖能力与其他作画材料相比要强很多，相较于其他画具能把产品表达得更真实、更厚实，特别适合表现一些表面光滑、较软、有颗粒感的材料，如塑料、磨砂面金属、木材等，能很好地结合彩铅渐变出光滑的质感，更能体现主体材质的光滑度。

水粉的色彩纯度更易于把控，更能体现出眼前一亮的感觉。其作画速度比彩铅更快捷，比马克笔的色彩和笔触更有层次、更微妙。绘制过程中可调整性很高，适合手绘基础较为薄弱的设计初学者使用，可不断调整，掩盖缺点，达到精致。水粉画法通常是手绘训练中突破阶段的较好方法。

缺点：水粉绘制工具种类繁杂、重量较重，相较于其他画具携带不方便，且风干的速度较慢，不适合短时间的考试时使用。水粉画法特别麻烦，有特别多的限制，比如要注意产品的造型，还要注意后面的背景衬托。水粉干湿度变化大，在湿的时候画面明度较低，颜色较深，干的时候颜色会变浅。这就需要在上色时尽量一次性画好，一个色块或区域分几次上色容易导致笔触衔接的地方不自然。另外，水粉画法每一次上色都要等上一次的颜色干透才能画，耗时较长。

案例五： 水粉实操

（1）起稿：首先用针管笔快速、准确地把产品的形态描绘出来，也可以先用黑色彩铅或HB的铅笔大致描绘出所要表现的产品的轮廓，再用针管笔进行描绘。要特别注意产品的结构、造型与透视间的紧密关系（图3-20）。

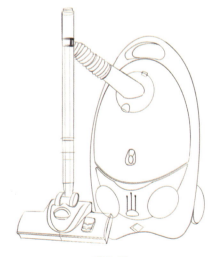

图3-20

（2）铺底色：这一阶段是本画法的重点所在。第一，考虑构图，规划好产品与背景之间的构图关系；第二，考虑色彩，背景色彩与产品的固有色搭配，体现出产品的活力与创意是其中的关键；第三，考虑笔触和色彩明度渐变的作用，放射性的条状笔触进一步烘托整体的生动感；第四，上色前先把背景和产品的把柄部分用透明胶贴起来，以免被颜料沾到（图3-21）。

（3）固有色处理：先从颜色最重的部件入手，如图3-22用黑色颜料为把手与拖把部分涂上固有色。注意拖把部分需要根据光源方向选择固有色的深浅颜色，因为在光源线照射的地方，产品颜色都会偏亮些；在产品的亮面部位就要选择稍微浅一点的颜色，如中灰色，为下一步的过渡作铺垫。对于产品主体部分的外壳，用铺底色时剩下的颜料进行覆盖上色，去除背景在产品区域内的笔触，以表现外壳均匀圆润的弧面。

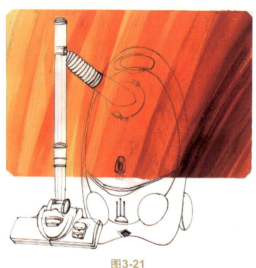

图3-21

图3-22

（4）刻画灰面过渡，塑造体积感：搭配黑色马克笔来使用，进一步强调黑色部件的明暗交界线，同时用黑色彩铅加深产品主体部位黑色外壳处的明暗交界线，并注意交界线的虚实关系，即轻重变化。由于颜料有微颗粒成分，更易于彩铅在其微粗糙表面上色，所以用黄色彩铅基于微粗糙表面对受光面的过渡进行刻画，增强产品的体积感（图3-23）。

图3-23

（5）**质感的表达与细节刻画**：用彩铅进一步强调产品的明暗交界线和受光面，有利于增强产品的体积感和光感。如何表现出产品光滑的质感，就体现在刻画受光面时所用过渡笔触的精细程度了（图3-24）。

图3-24

（6）**细节深入刻画与光感表达**：对背光部分继续压重，在产品受光面找强烈对比的部位给予提亮。对不锈钢把柄、吸筒、标签、LOGO等细节深入刻画，主要表达出此部分的质感和光影关系，间接衬托整体的完美度。另外，对高光的处理要注意产品的整体性，避免喧宾夺主，造成高光过多、过亮的情况，破坏产品的真实质感。局部细致，更能体现主体材质的光滑度（图3-25）。

图3-25

巩固练习

请根据下列照片,尝试运用水粉画法进行产品手绘。

(1)

（2）

第五节　色粉笔、马克笔综合画法

优点：色粉笔擅长表现细腻的渐变过渡效果，可以模拟极逼真的效果。但是其不易上色，色彩饱和度不够，特别是深色部分和暗面。用马克笔可以弥补这个不足，增强效果图的立体感。色粉笔、马克笔综合画法特别适合多种材质的表现画法。比如，某个产品是由塑料、金属、玻璃等多种材质组合成的，就可以根据材质选用不同的工具（色粉笔、马克笔）去综合表现。

缺点：使用色粉画法工序比较烦琐，此画法占用时间较多，不利于短时间的快速表现。并且需要先用马克笔再上色粉，否则会造成马克笔晕染，导致画面脏和所画产品图的边缘轮廓不清晰。

案例六：　色粉笔与马克笔的综合运用

（1）**起稿**：可以先用2B或HB的铅笔大致描绘出产品的轮廓，再用钢笔进行描绘，或者直接用钢笔进行描绘。这一阶段只需纯粹地强调物体的结构造型与透视关系（图3-26）。

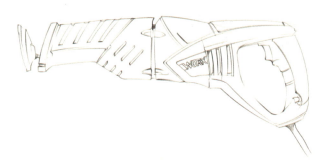

图3-26

（2）**确定暗部**：上色粉前先用马克笔把暗部的色彩压重，注意暗部绘制的区域不要过多，多了会影响后面对亮部的刻画。所以一定要把亮部留白，这样有利于下一步的色粉绘画（图3-27）。

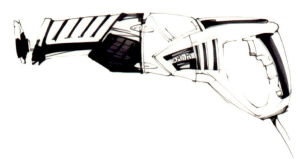

图3-27

（3）**色粉阶段**：上色粉之前要先把不需要上色粉的部分用纸胶带遮盖，避免弄脏这一部分，造成下一步的绘画困难。另外，在刷色粉时一定要注意表现大体的质感和明暗关系，暗部色粉较重，亮部色粉较轻，并要留出高光（图3-28）。

图3-28

（4）**马克笔阶段**：用马克笔表现手柄和机身部分的明暗关系。从浅到深逐步上色，手绘笔触要按产品的结构来走，注意要有统一的色调。所选用的马克笔也应该尽量为同一色系的不同色号。暗部和亮部先由灰部作为过渡，在这个作品中采用了军绿色作为固有色进行上色，所以先从浅的绿色慢慢过渡到深的绿色，这样明暗对比不会太强烈，有利于下一步作画（图3-29）。

图3-29

（5）**强调固有色**：用重色的马克笔进一步强调产品的明暗交界线和固有色，有利于增强产品的体积感。在表现产品质感时，要注意笔触的使用和产品的受光面表现。笔触不能太粗，也不能太单一，不然画面会显得呆板。受光面不能涂太深的颜色，高光一定要留出空白。有的学生一拿起笔就放不下，总想把空白全部涂满，这样是不对的。笔触就按照该产品的结构去画，受光面是光源线照射的地方，所以受光面不能比背光面颜色重（图3-30）。

图3-30

（6）**细节表现**：文字、图案与按钮等的细节表现，主要是表达出此部分的质感和光影关系。另外，在刻画文字、图案、按钮和高光时可用勾线笔蘸白色广告颜料，也可以用白色涂改液。一定要注意光源，不能与整体光源相悖，在画面中不要有过多的高光点（图3-31）。

图3-31

巩固练习

请根据下列照片，尝试运用色粉笔、马克笔综合画法进行产品手绘。

（1）

（2）

第六节　色粉笔、彩色铅笔、马克笔综合画法

优点： 此画法是所有画法当中最具表现力的一种。它可以根据各种不同的材料、质感去综合表现。比如色粉笔容易表现玻璃质感，彩色铅笔比较容易表现塑料质感，马克笔比较容易表现金属质感。

缺点： 此画法相对复杂，不利于新手掌握。而且需要上颜料的次数太多，容易将画面弄脏，或者是画着画着最初画稿的产品结构发生了变形。

案例七：色粉笔、彩色铅笔与马克笔的综合运用

（1）**起稿：** 可以先用2B或HB的铅笔大致描绘出产品的轮廓，再用钢笔进行描绘，或者直接用钢笔进行描绘。这一阶段只需纯粹地强调物体的结构造型与透视关系（图3-32）。

（2）**确定暗部：** 上色粉前期先用马克笔把暗部的色彩压重，注意暗部绘制的区域不要过多，因为如果用马克笔把暗部画得太多或者过重的话，就会导致色粉画不下去。一定要把亮部留白，这样有利于下一步的色粉绘画（图3-33）。

图3-32　　　　　　　　　　　图3-33

（3）**色粉阶段：** 上色粉之前要先把其他部分用纸挡着，避免弄脏其他部分。在刷色粉时一定要注意表现大体的质感和明暗关系，一定要一次性把画色粉的地方都给表现了，避免又重复一遍复杂的过程（图3-34）。

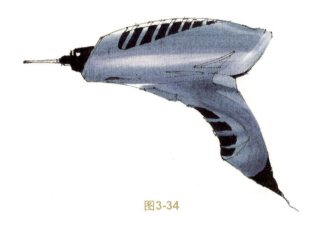

图3-34

（4）**用马克笔表现明暗关系**：从浅到深逐步上色，手绘笔触要按产品的结构来走，这里采用了蓝色作为固有色进行上色，所以先从浅的蓝色慢慢地过渡到深的蓝色。暗部和亮部先由灰部作为过渡，这样明暗对比不会太强烈，有利于下一步作画（图3-35）。

图3-35

（5）**细节表现**：对明暗交界线部分继续压重，在亮部和灰部选用彩色铅笔继续描绘。将钻头、按钮等细节部位表现出来，主要表达出此部分的质感和光影关系。另外，在点高光时要注意光源线，在画面中不要有过多的高光点（图3-36）。

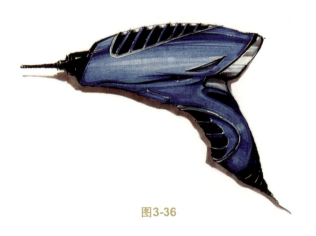

图3-36

巩固练习

请根据下列照片，尝试运用色粉笔、彩色铅笔、马克笔综合画法进行产品手绘。

（1）

（2）

第七节　底色画法

底色画法是一种快速表现产品效果图的绘制方法，一般多选用底色为米色、灰色、褐色、棕色的卡纸，或者刷颜色来获取底色。在绘制时先在底色上描绘线稿，再用白色铅笔提亮亮部，点高光；用黑色铅笔或马克笔绘制产品暗部，而纸张本身的颜色则作为产品表现的中间色，来达到塑造产品效果的目的，并传达产品的信息。

优点：可以不用花很多笔墨就表现出一个漂亮的产品，只要根据光源来点高光就能塑造体积感，是一个快速、极富效率的重要画法，比较适合表达一些光滑材质的方体产品。基于现在纸业的发达，底色纸的颜色多种多样，所以设计任何行业的产品类别都有能满足需求的纸张。

缺点：该画法对于表达个别行业的产品具有很大的局限性，不能很好地体现该行业产品的特点，相对体积感不够强烈。

案例八：　底色实操

（1）**起稿：**选择一张与该产品固有色相同的卡纸，或者用色粉刷出想要的底色，但用色粉刷出的色彩会很容易脏。用2B铅笔起稿，画出产品的外轮廓，起稿时尽量画出产品各个部位的细节（图3-37）。

（2）**铺暗色调：**先用深色的马克笔（深棕色）画出产品的暗色调（图3-38）。

图3-37

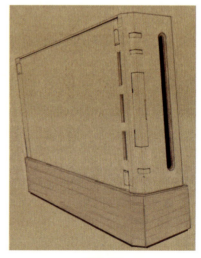
图3-38

（3）**画高光：**用白色铅笔画出高光部分（图3-39）。

（4）**整体调整：**最后完善暗部与高光部分，亮部可用色粉笔画出渐变效果，显得更加立体（图3-40）。

产品手绘的工具运用 第三章

图3-39　　　　　　　　　　　图3-40

巩固练习

请根据下列照片，尝试运用底色画法进行产品手绘。

（1）

69

(2)

第八节　数位板画法

　　数位板是近几年兴起的新工具,实际上是一张可以把图像直接输入电脑的"纸"。它与软件结合可以达到很多传统工具无法表现的效果,再加上其可修改性和快捷性,广受新一代设计师的喜爱(图3-41)。

图3-41

　　数位板是计算机输入设备的一种,通常是由一块板子和一支压感笔组成,主要针对设计类的办公人士,用在绘画创作方面。数位板主要面向设计、美术相关专业的师生,以及广告公司、设计工作室和Flash矢量动画的从业者。数位板的出现让设计师们的创作迅速与电脑相结合,大大缩短了工业产品、动画、特效电影、广告等产业的制作周期,让更多精品能够更快与大家见面,数位板实在功不可没。

1. 数位板基本常识

　　(1)**压感级别**:就是用笔轻重的感应灵敏度。压感级别现在有三个等级,分别为512级(入门)、1024级(进阶)、2048级(专家)。简单来说,压感级别越高,可以感应到的细微程度越高。

　　(2)**读取速度**:即感应速度。常见读取速度为100点/秒、133点/秒、150点/秒、200点/秒、220点/秒。主流的读取速度为133~200点/秒,现行产品最低读取速度为133点/秒,读取速度最高为200点/秒,100点/秒以上一般不会出现明显的延迟现象,200点/秒基本没有延迟现象。

　　(3)**纵横比**:数位板或显示屏幕的水平方向尺寸和垂直方向尺寸的比例。数位板的尺寸比例一般与显示屏相对应,以4:3为主流比例。对应宽屏比例的数位板为16:9或者16:10,尺寸多为11英寸×7英寸,或者11英寸×6英寸、9英寸×6英寸、6英寸×4英寸等(1英寸=2.54厘米)。

2. 数位板绘画软件

好的硬件需要好的软件支持，数位板作为一种硬件输入工具，要结合Painter、Photoshop等绘图软件，才可以创作出各种风格的作品。针对刚入门的数位板手绘学习者，可以使用一款简单小巧的软件"Easy Paint Tool SAI"。这套软件，大小约3m，免安装，是专门用来绘图的，许多功能较Photoshop更人性化。

3. SAI常用工具及数位板绘画基本技巧

工具栏：如图3-42所示。

图3-42

主菜单栏：所有功能集成于此。

导航器：显示图画的缩略图，并能调整图画角度和缩放比例。

图层控制器：显示图层数目，并调整图层顺序。

色环：调取颜色。

画笔：选取画笔。

主工作区：显示所画图画。

简单而言，SAI最常用的工具无非集中于以下几个，作为工业设计专业的学生只要熟练运用这几项工具，就能高效表现产品草图。

缩放工具：放大/缩小图画，便于大范围上色和添加细节。

图层工具：添加/删除图层，便于高效率上色。

色环：可以选取不同颜色。

画笔工具：常用画笔集中在铅笔、蜡笔、喷枪、橡皮擦，以上4种均为自带笔刷，基本能快速表现产品。

快速表现关键在于效率与效果，运用数位板可以快速表现产品效果，这种效果图虽然不是十分精细，但胜在表现快速，在前期的创意阶段非常有效率。

案例九： **数位板实操1**

（1）起稿：用"铅笔"画出线稿（图3-43）。

（2）上色：选用"喷枪"，用深色覆盖线稿（图3-44）。

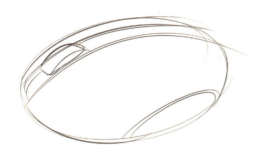

图3-43　　　　　　　　　　　　图3-44

（3）整理画面：选用"橡皮擦"，擦去多余部分（图3-45）。

（4）继续固有色处理：用同样方法画出中间蓝色带。下面步骤的大块面上色均选用"喷枪"与"橡皮擦"结合的方法（图3-46）。

图3-45　　　　　　　　　　　　图3-46

（5）确定暗部关系：画出暗面，选用"喷枪"时要选择较柔和的笔刷，使过渡自然（图3-47）。

（6）确定亮部关系：用同样的方法画出亮面（图3-48）。

图3-47　　　　　　　　　　　　图3-48

（7）细节刻画与整体调整：完善细节，擦去多余线稿并完善细小反光处（图3-49）。

图3-49

案例十： 数位板实操2

（1）起稿：用"铅笔"画出线稿（图3-50）。

（2）初步上色：选用"喷枪"结合"橡皮擦"的方法，给相同颜色的区域上色（图3-51）。

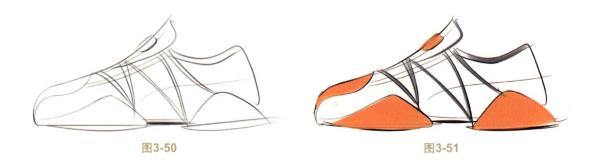

图3-50　　　　　　　　　　　图3-51

（3）继续上色：整体加深色彩，使不同固有色之间更加协调（图3-52）。

（4）明暗关系处理：画出阴影部分（图3-53）。

图3-52　　　　　　　　　　　图3-53

（5）细节刻画：完善细节（图3-54）。

图3-54

案例十一： **数位板实操3**

（1）铺底色：选用"油漆桶"填充底色（图3-55）。

图3-55

（2）起稿：选用"铅笔"画出线稿（图3-56）。

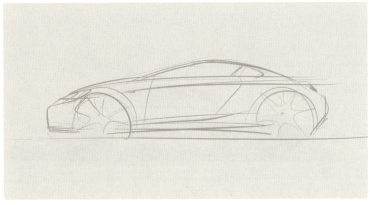

图3-56

（3）阴影及车轮上色：画出底部阴影，先用柔和笔刷的"喷枪"涂满车底，然后选用锐利笔刷的"橡皮擦"将底部擦平。画出车轮轮廓，选用大尺寸的锐利笔刷的"喷枪"直接画上去（图3-57）。

图3-57

（4）确定暗部关系：画出暗面部分（图3-58）。

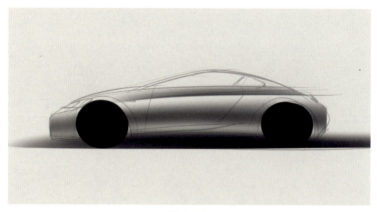

图3-58

（5）车窗上色与暗部深入刻画：画出车窗轮廓并完善暗面（图3-59）。

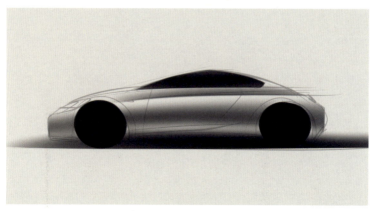

图3-59

（6）局部刻画：画出轮毂和车灯（图3-60）。

图3-60

（7）细节表现与整体调整：画出光反射部分，最后整体调整，完善细节（图3-61）。

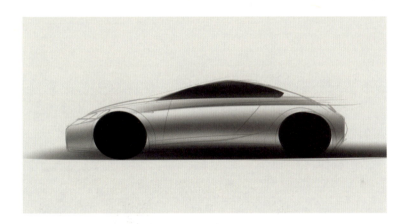

图3-61

如果时间允许，可以运用数位板继续画出更精致并且更具视觉冲击力的草图，不过这种草图耗费的时间相对更长（图3-62～图3-64）。

图3-62

图3-63

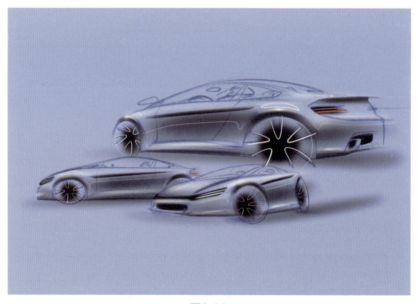

图3-64

巩固练习

请根据下列照片，尝试运用数位板画法进行产品手绘。

（1）

（2）

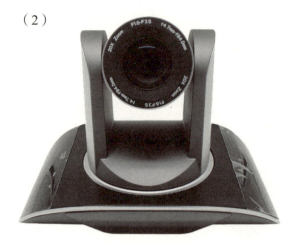

（3）

第四章

产品手绘的
质感表现

第四章 产品手绘的质感表现

第一节 木材的质感表现

在木材的质感表现中，难点主要是木纹的表现。不同的木材品种所呈现出的木纹肌理都不一样，这就要求我们要根据木材的品种去仔细观察其木纹肌理的分布特点。

首先，我们可以平涂一层木材底色，然后再徒手画出木纹线条。为了让木材质感更加自然流畅，可以先绘制浅色的木纹线条，再绘制深色的木纹线条。

案例一： 木材质感表现实操1

（1）**起稿**：用彩色铅笔轻轻勾画出物体形态（图4-1）。

（2）**上色与纹理刻画**：从浅色开始，用马克笔铺上大色块，待马克笔水干后再用浅色的彩色铅笔初步勾勒木纹（图4-2）。

图4-1   图4-2

（3）**加深色彩**：用深色彩色铅笔画上木纹边框，进一步刻画细节。用深色铅笔加深深色木材的暗部，注意上色顺序是由浅至深（图4-3）。

（4）**整体调整**：最后，用色粉均匀画出物体的明暗关系，并用纸巾蘸取白色的色粉铺涂物体亮部，再结合白色铅笔画出物体的高光点（图4-4）。

图4-3   图4-4

案例二： 木材质感表现实操2

（1）起稿：用彩色铅笔轻轻勾画出物体形态（图4-5）。

（2）上色：从浅色开始，用马克笔铺上大色块，侧面铺的时候要注意颜色的轻重，这样既能表现物体的体积感，又不会使画面太死板（图4-6）。

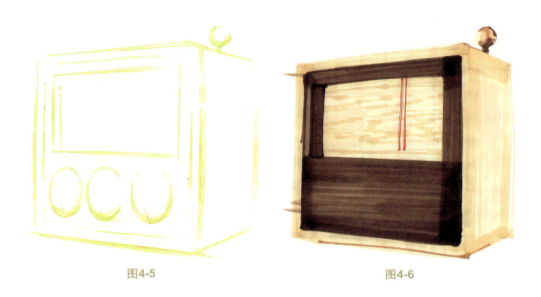

图4-5　　　　　　　　　　　　　　图4-6

（3）确定明暗关系：用彩色铅笔添加木纹，用深色彩色铅笔加深木材的深色部分（图4-7）。

（4）细节刻画与整体调整：用彩色铅笔勾勒细致的纹理，注意要表现木材凹凸效果，纹理线条作深浅变化并加上阴影（图4-8）。

图4-7　　　　　　　　　　　　　　图4-8

巩固练习

请根据下列照片,尝试运用手绘工具表现出产品的木材质感。

(1)

（2）

第二节 玻璃的质感表现

玻璃透明并伴有反光，色彩变化柔和，勾画时需要反映其内部结构，且白色高光强烈。

案例三： 玻璃质感表现实操1

（1）**起稿**：首先用铅笔描绘出物体轮廓，特别要注意细致地勾画出玻璃的厚度。选用铅笔勾画轮廓，有不对的地方或者线条粗细变化的地方能够方便修改。用底色画法能够更好地突出玻璃材质的质感（图4-9）。

（2）**上色**：用浅灰色马克笔勾勒玻璃材质边缘，再用浅蓝色马克笔平涂玻璃底色。注意用笔方向，笔触整齐更能表现出玻璃的冷硬感。这里可以先不用针管笔勾勒边缘，避免玻璃显得太死板，不通透（图4-10）。

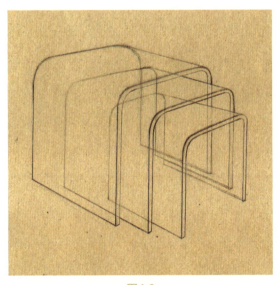

图4-9

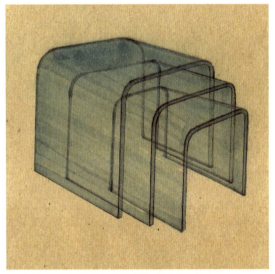

图4-10

（3）**确定明暗关系**：用白色色粉或者彩铅画出亮部和转折面的高光，加强边缘明度。用深色马克笔加重厚度和底部边缘，再用针管笔把暗部边缘画清晰（图4-11）。

（4）**细节刻画与整体调整**：最后用灰色马克笔画出投影，注意投影的虚实，用勾线笔蘸白色颜料或者涂改液进一步加强高光（图4-12）。

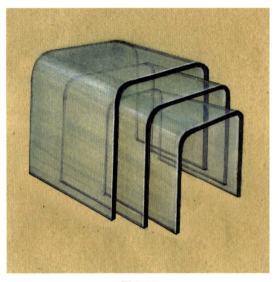

图4-11

图4-12

案例四： 玻璃质感表现实操2

（1）起稿：首先用活动铅笔描绘出物体轮廓，包括物体的厚度（图4-13）。

（2）上色：再用浅蓝色马克笔平涂玻璃底色，注意用笔方向和笔触（图4-14）。

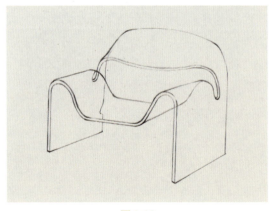

图4-13

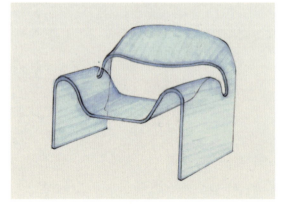

图4-14

（3）确定明暗关系：进一步用深蓝色马克笔画出玻璃反射的暗部部分，注意暗部部分的造型，并加重玻璃厚度部分的颜色（图4-15）。

（4）细节刻画与整体调整：用彩铅或者白色颜料加强玻璃反射的光影，特别是用白色颜料画出玻璃边缘明度，可以更好地表现玻璃的通透感，使画面更真实生动。接着用深色马克笔加重厚度和底部边缘部分，最后用灰色马克笔画出投影（图4-16）。其中，这个作品所用到的马克笔分别是234、235、236、90、103、252号。

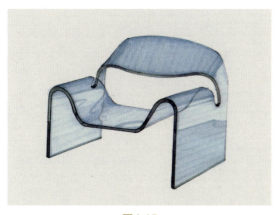
图4-15

图4-16

巩固练习

请根据下列照片,尝试运用手绘工具表现出产品的玻璃质感。

(1)

（2）

第三节　金属的质感表现

金属材料的表面光泽醒目，明暗变化大，色彩黑白反差强烈，过渡面柔和。

案例五：金属质感表现实操1

（1）**起稿：**选用彩色铅笔迅速"捕捉"物体形态，注意用单线条表现形体转折、虚实等素描关系（图4-17）。

（2）**上色：**根据不锈钢材质的反射、光滑等特性，可以根据光源方向，用马克笔先从产品暗部的重颜色开始上色，然后绘制物体的固有色（不锈钢的灰色），上色时注意要按照产品的结构去画（条状）（图4-18）。

（3）**注意色彩关系并强调固有色：**进一步用灰色系马克笔绘制物体的灰面，进行过渡，给局部的弹簧胶套涂上固有色。注意强调外轮廓时要放虚，才能营造前后关系，更能体现体积感。为了表现设计主体，增加对象的体积感，可以用针管笔描边，但要注意线条的虚实与轻重变化（图4-19）。

（4）**细节刻画与整体调整：**进一步用针管笔修整边缘细节，产生严谨、结实的画面感。为了表现质感，以不同明度的灰色系马克笔进行过渡，直到达到所需效果。对于产品中的高反光构件，采用涂改液进行"点睛"。由于产品的螺旋造型比较复杂，所以调整时一定要注意整体的效果，千万不要刻画得过分琐碎（图4-20）。其中，这个作品所用到的马克笔分别是182、3、139、271、272、281、191号。

图4-17

图4-18

图4-19

图4-20

案例六: 金属质感表现实操2

（1）起稿：高效、快速、准确是绘制草图的基本要求。这是一件流线型产品，要以流畅、干脆利落的几条线勾勒出形体（图4-21）。

（2）上色：接着给各个面铺上一层浅的固有色，注意结合光源方向，无须面面俱到，要有所取舍地简单表达面与面之间的关系，这样更有画面感（图4-22）。

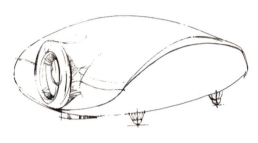

图4-21

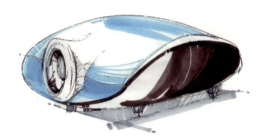

图4-22

（3）确定明暗关系：对于光感的表现，要把握好受光的方向和形体的特点，笔触跟随物体的曲面来走。充分灵活运用马克笔的特性，压重暗部。对于暗部的绘制，要用同系列的马克笔，遵循大色块的统一。在水未干的状态下画上纹理，切勿平涂，若导致"图太死"就难以挽救了（图4-23）。

（4）细节刻画与整体调整：最后要将物体不同部件的质感进行区分表现，利用不同明度与纯度的马克笔，对摄像头的镜片、外壳的光面金属给予光滑过渡，再进行细节处理和高光点缀（图4-24）。其中，这个作品所用到的马克笔分别是234、3、94、242、51、37、165、169、132、150、279、272号。

图4-23

图4-24

巩固练习

请根据下列照片,尝试运用手绘工具表现出产品的金属质感。

(1)

（2）

第四节 塑料的质感表现

画塑料材质时光影变化不能太强,要画得厚实,表面光滑而无反射,介于玻璃和木材之间,没有玻璃那样光亮,与木材相比又有光泽。明暗过渡要比较缓慢,涂色要自然均匀。注意转折面的色彩过渡,可先用马克笔铺一层浅色,然后用稍深一号的马克笔逐渐加深。

案例七: 塑料质感表现实操1

(1)起稿:造型比较复杂的产品,起稿前要先分析产品的基本结构,绘制基本外形时要注意产品的结构和透视关系,做到下笔前胸有成竹,用线要肯定、大胆。在起稿时用线条把暗部和投影铺陈一次(图4-25、图4-26)。

图4-25

图4-26

(2)明暗对比:上色按从浅到深的顺序,笔触按产品的结构来走。亮部要和暗部形成明显的对比,来表现产品的体积感,还要和投影以及后面的背景形成对比(图4-27)。

图4-27

（3）强调固有色：用重色马克笔进一步强调产品的明暗交界线和投影，有利于增强产品的体积感。还要表现出产品的质感，这时要注意笔触和产品的受光面刻画（图4-28）。

（4）细节表现：对于镜头、按钮等细节表现，主要表达出此部分的质感和光影关系。另外，在点高光时要注意光源的方向，同时画面中的高光不要点得过多（图4-29）。其中，这个作品所用到的马克笔分别是3、235、103、139、132、271、254、278、272、273号。

图4-28

图4-29

案例八： 塑料质感表现实操2

（1）起稿：起稿一般使用01号针管笔。下笔要肯定，注意弧线的透视规律，轮廓的转折线和转折点加粗一些。轮廓的转折线和转折点的位置需要重复描绘2～3遍，这样会显得线条有轻重变化。起稿时多画出一些结构线，以线来表现一些面，为下一步打好基础（图4-30）。

（2）明暗对比：确定好光源方向，先用马克笔按由浅到深的顺序把产品的体积感表现出来。另外，色粉的粉质更加细腻，用黑色色粉可以把前面黑色盖子光滑细致的质感表现出来（图4-31）。

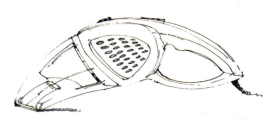
图4-30

图4-31

（3）**强调固有色**：加强产品的固有色、明暗交界线和投影，有利于增强体积感和层次感的对比（图4-32）。

（4）**细节表现**：在表现体积感和固有色的基础之上，进一步进行局部刻画。把高光和反光等部分表现出来，用涂改液在蓝色的部分点高光，注意不要点过多的高光点。画有色粉的部分要用白色彩铅提亮展现出渐变的效果（图4-33）。其中，这个作品所用到的马克笔分别是3、236、94、103、132、150、271、272、191号。

图4-32　　　　　　　　　　　　　　　图4-33

案例九： 塑料质感表现实操3

（1）**起稿**：选择合适的产品视角，以线条起稿，注意线条的节奏和透视的变化，起稿时要把暗部和投影也表现出来（图4-34）。

（2）**明暗对比**：根据产品的结构与光线方向进行手绘，要有意识地留下笔触。同时体现出明暗的对比，包括不同的颜色和质感（图4-35）。

图4-34　　　　　　　　　　　　　　　图4-35

（3）强调固有色：要不断地加强明暗交界线和产品固有色的对比，包括塑料的质感和条纹的表现，使画面显得厚重（图4-36）。

图4-36

（4）细节表现：进行调整，利用近实远虚的关系明确地表现出画面的视觉中心，使整体的明暗关系、色彩关系更加准确、突出。加强按钮、商标文字和凹凸的细节表现，并用涂改液点出高光，结合白色彩铅表现出光晕的效果等，进一步突出画面效果（图4-37）。其中，这个作品所用到的马克笔分别是234、94、244、163、165、169、271、252、278、254、272、191号。

图4-37

巩固练习

请根据下列照片，尝试运用手绘工具表现出产品的塑料质感。

（1）

(2)

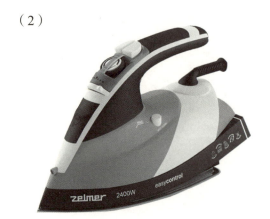

第五节 陶瓷的质感表现

陶瓷质地温和,表现其过渡时要温润自然。反光也是表现陶瓷质感的重要部分,要注意反光的过渡和渐变效果。

案例十: 陶瓷质感表现实操

(1)**起稿:** 在纸上先用铅笔画出调料瓶的轮廓、高光的形状。因为陶瓷大多数为白色,所以笔画痕迹尽可能要浅,以便最终达到逼真的效果(图4-38)。

(2)**上底色:** 按照明暗关系,先给右边的白色调料瓶用浅灰色的马克笔上色,再用中灰色的马克笔给左边的黑色调料瓶上初步底色。在上色过程中,应采用平涂手法由浅入深地进行。由于陶瓷质地温和,必须顺着瓶身结构填涂,且着色要均匀(图4-39)。

图4-38

图4-39

(3)**明暗对比:** 根据明暗关系,再用黑色色粉给黑色调料瓶上色,完善色彩的渐变细节。为了使色彩达到柔和自然的渐变效果,可在明暗交界线部分进行浅、深颜色的反复着色,注意这一步必须在笔迹还没干的时候进行,才能达到自然过渡的效果(图4-40)。

(4)**上高光:** 给调料瓶亮部着色。黑色调料瓶小人的脸部、手、身侧都有不同程度的反光,可用白色彩铅根据反光量的多少,用不同的力度着色。对于一些渐变不自然的部分,也可以用白色铅笔轻轻覆盖进行修改(图4-41)。其中,这个作品所用到的马克笔分别是268、253、255、258号。

图4-40

图4-41

巩固练习

请根据下列照片，尝试运用手绘工具表现出产品的陶瓷质感。

（1）

（2）

第五章

优秀作品要点分析

一、复杂形态表现技法

　　表现要点：重点是对机械的坚硬材质的表现。在画图5-1这张变形金刚时，起稿部分相对比较难，因为机器人由汽车的各个部件组成，所以在绘画时，除了要注意它整体的造型，还要特别注意它局部零件的塑造。要想两者都表现好的话，需要一定的时间去拆装和临摹这一类的复杂产品。所以一个复杂产品的定型，总是需要经过许多草图的练习才能达成。

　　在表现它的色彩部分时，我们运用前面的知识内容。首先下笔一定要"狠"，一定要在画面亮部和灰部留下笔触，这样有利于后面的刻画和材质的表现。在制作这张效果图时，所用的工具是针管笔、马克笔、彩色铅笔和涂改液。

图5-1

二、磨砂面金属表现技法

表现要点：先用针管笔起稿，把基本的造型给描绘出来。在初稿时外形不用画得过于具体，也不用过于注重细节。由于水粉颜料水溶后，具有水墨画融合渐变的特性，再加上纸张表面粗糙的肌理，来体现出磨砂的质感。在表现图5-2画面上盒子顶部的亮面时，可以借助水粉颜料和纸张的肌理特性来表达金属表面磨砂的质感。

在绘制过程中，颜料和水的比例控制特别关键。将颜色稀释后，用大刷子蘸上颜料快速准确地在纸上来回刷一遍，下笔同样要肯定，并且保留笔触不完整的边缘造型，增加画面的艺术性。干了之后，颜色会比原先亮很多，而且颗粒感比较强，在纸上出现白云状的肌理。只要用黑色马克笔适当压一下投影部分，再用白色铅笔提亮高光位置，效果很快就出来了，而且神形俱备。

图5-2

三、光面塑料表现技法

表现要点：光面塑料区别于磨砂面金属的表现技法运用，特点在于水的比例。首先，要表现光滑的塑料表面，调入的水相对要少一些。水与颜料的比例要适中，才能保证下笔顺滑，不会出现颗粒感，从而达到预期的表面光滑效果（图5-3）。

图5-3

表现要点：图5-4运用的是底色画法和水粉画法相结合的手法，把这两种画法的优点综合起来，表现表面光滑的塑料产品。这种铺底色画法与底色纸画法是有很大区别的。该作品是在白色纸上画的，省略了铺大块背景的工作量，更不需要使用高成本的色纸。只需在画好的造型上平涂色块，再根据光源用白色彩铅刻画受光面及高光，工序简单、快速。可以看出，高效率一样能出好效果。

图5-4

四、透明玻璃表现技法

表现要点：图5-5这张作品运用的是底色纸画法。基于底色纸的颜色，用铅笔来压重玻璃瓶边缘、背光部位以及投影，再在玻璃瓶的受光部位点上白色颜料或者涂改液，玻璃反光、折射光及丰富的光影变化特点就表现出来了。除此之外，透光也是玻璃产品的主要特点。最能体现玻璃透明性的一点就是图中的管子，若隐若现的感觉，衬托着玻璃瓶身的空间关系。同时，借助底色纸这一环境底色，也更好地表现出玻璃通透的特性，更轻易、更快速地表现了产品的效果，而瓶盖的金属质感更强烈地烘托出玻璃的质感。

我们在画透明物体时，在颜色选择上通常会选择偏色彩重点的灰颜色卡纸。首先用黑色铅笔像画传统素描那样起稿，再用黄色马克笔画瓶盖的固有色，最后用白色彩色铅笔提亮亮部和用白色颜料点高光。

图5-5

五、帆布与皮质表现技法

表现要点：我们在表现布料材质时，可以运用马克笔重叠上色覆盖能力较差的特性，用笔触交叉重叠来表现面料皱褶的质感。可重复下笔，更好地表现面料皱褶的质感，几种材质间的区别，如硬朗的帆布面料、柔软的网格面料、光滑耐磨的尼龙面料和皮质面料，也是刻画的重点。其中，在皮革质感的表现上可以先用中灰色马克笔铺上基本固有色，在此基础上再用彩色铅笔进行刻画，更易于体现皮革的柔韧与光滑（图5-6）。

图5-6

六、硬塑与硅胶表现技法

表现要点：在绘制类似图5-7这样的成套产品设计图时，一定要懂得把产品之间的相似点联系起来。比如在描绘这个作品时，要考虑它们之间是造型类似、色彩类似，还是功能类似。只有懂得相似点再去表现一套产品，才能让使用者直接体会到产品的关联性。

在表现这张图时，所用的工具是针管笔、马克笔、彩色铅笔和涂改液。在用针管笔勾勒完产品的造型之后，在表现产品红色部位的硬塑时，可以先选用一个纯度较高的红色马克笔平铺产品的固有色，注意笔触要尽量平整，根据产品走向画，光源方向要一致，再用中红色和深红色平铺塑料的暗面。由于图5-7中产品的塑料是光亮的，塑料表面平滑，光线反射率及光泽度高，我们可以用深红色多次加重产品的暗部，拉开明暗关系，用中红色绘制塑料的过渡部分，减弱对比，让产品看起来更加光滑自然，并用涂改液绘制产品的高光部位。产品的白色硅胶部分相较于硬塑，其硅胶表面更加细腻柔软，边缘线会相对模糊，高光较少。那么在绘制白色手持部分时，要注意中间过渡色的运用，需要多层覆盖。例如在马克笔上完底色后，可以运用彩色铅笔进行明暗细节的过渡，尽可能弱化颜色间的对比，使画面看起来更加细腻柔和。

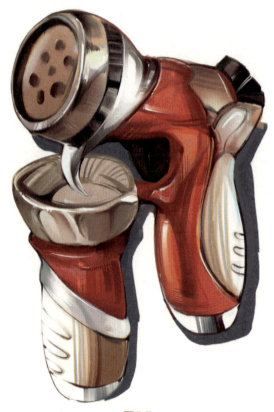

图5-7

七、软包与织物表现技法

表现要点：处理软包与织物的表现技法，与之前马克笔的画法有些区别。在表现这类材质时，一般只是在绘制前期用马克笔把整个暗部和固有色区分开来，接下来大部分都使用彩色铅笔去表现软包的质感，而且可以更容易地表现出自己想要的那种感觉。而且彩铅在深入刻画软包的细节时，能更好地表现出软包的皮革纹路和布料纹路，使得效果图更加真实，有细节（图5-8）。

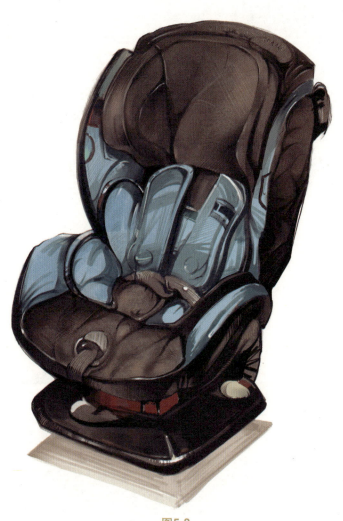

图5-8

八、汽车数位板表现技法

表现要点：在表现汽车设计图时，通常选择用数位板来完成这样的设计方案。因为利用数位板画的图，不管是在物体造型方面还是在色彩方面都易于修改，也能更好地表达汽车的工业感和先锋感。在画图5-9这个作品时，利用了软件里面的"柔边喷枪笔刷"工具来表现汽车金属外壳那种特殊的光亮感和锋利感。在色彩方面，汽车的冷暖关系特别明显，把背景涂黑，这样能凸显出汽车的空间感。

图5-9

表现要点：在画图5-10这个作品时，利用了强烈的黑白对比来凸显汽车的材质和光感，衬托整张画面的视觉效果。狭长的投影造型增加了汽车的酷感和画面的整体氛围。

图5-10

表现要点：绘制没有背景的设计图就要在汽车的边缘线方面下功夫了，要特别注意边缘线的虚实变化。比如，在物体转折的地方要画重，物体前面的地方要画重，远处要画虚，这样的虚实变化更能体现画面的空间感。色彩上主要是在近景位置进行特别明显的光影对比处理，这样有利于表达想要的强烈的光感（图5-11）。

图5-11

表现要点：图5-12这张设计图所呈现的效果只针对设计前期的思维发散，所以刻画上无须那么精细，只是突出了汽车鲜艳的颜色和流线型的造型。另外，其表现要点区别于其他方法：先在纸张上画出汽车的造型，再扫描到电脑里，用二维绘图软件进行二次上色处理，这样能够高效、快速地捕捉创意设计想法。

图5-12

参考文献

[1] 斯科特·罗伯森,托马斯·伯特利. 产品概念手绘教程[M]. 于萍,译. 北京:中国青年出版社,2021.

[2] 库斯·艾森,罗丝琳·斯特尔. 产品设计手绘技法[M]. 陈苏宁,译. 北京:中国青年出版社,2009.

[3] 黄朝晖. 产品设计手绘表现技法[M]. 北京:清华大学出版社,2022.

[4] 李远生. 工业产品设计手绘实例教程[M]. 2版. 北京:人民邮电出版社,2020.

[5] 汪海溟,寇开元. 产品设计效果图手绘表现技法[M]. 北京:清华大学出版社,2018.

[6] 马赛. 工业产品手绘与创新设计表达:从草图构思到产品的实现[M]. 北京:人民邮电出版社,2017.

[7] 陈玲江. 工业产品设计手绘与实践自学教程[M]. 2版. 北京:人民邮电出版社,2017.

[8] 郭威,鲁红雷,李静静. 产品设计构思草图与设计表达[M]. 武汉:湖北美术出版社,2016.

[9] 罗剑,李羽,梁军. 马克笔手绘产品设计效果图(进阶篇)[M]. 北京:清华大学出版社,2015.

[10] 麓山手绘. 工业设计手绘表现技法[M]. 北京:机械工业出版社,2014.

[11] 罗剑,李羽,梁军. 工业设计手绘宝典:创意实现+从业指南+快速表现[M]. 北京:清华大学出版社,2014.

[12] 杨梅. 产品设计表现[M]. 北京:中国轻工业出版社,2009.

[13] 李娟,方狄轲,周波. 工业设计表现技法[M]. 长春:吉林美术出版社,2008.

[14] 潘长学. 工业产品设计表现技法:世界经典工业产品设计手绘资料[M]. 武汉:武汉理工大学出版社,2002.